"做中学 学中做"系列教材

Windows 7 基础与应用

◎ 陈天翔　胡勤华　黄少芬　主　编
◎ 肖　涛　严　敏　胡　军　副主编

电子工业出版社
Publishing House of Electronics Industry
北京·BEIJING

内容简介

本书是Windows 7安装、使用与维护的基础实用教程,通过10个模块、53个具体的实用项目,对安装Windows 7、Windows 7的基本操作、文件资源的管理、设置Windows 7工作环境、硬件和软件的安装与管理、附件工具的使用、多媒体软件的使用、使用Windows 7浏览Internet、Windows 7的安全管理、Windows 7的优化与维护等内容进行了较全面的介绍,使读者可以轻松愉快地掌握Windows 7的操作与技能。

本书按照计算机用户循序渐进、由浅入深的学习习惯,以大量的图示、清晰的操作步骤,剖析了从Windows 7安装、使用到维护的过程,既可作为高职院校、中职学校计算机相关专业的基础课程教材,也可以作为计算机及信息高新技术考试、计算机等级考试、计算机应用能力考试等认证培训班的教材,还可作为计算机初学者的操作系统自学教程。

未经许可,不得以任何方式复制或抄袭本书之部分或全部内容。
版权所有,侵权必究。

图书在版编目(CIP)数据

Windows 7基础与应用 / 陈天翔,胡勤华,黄少芬主编. —北京:电子工业出版社,2014.7
"做中学 学中做"系列教材

ISBN 978-7-121-23524-5

Ⅰ.①W… Ⅱ.①陈… ②胡… ③黄… Ⅲ.①Windows操作系统—中等专业学校—教材 Ⅳ.①TP316.7

中国版本图书馆CIP数据核字(2014)第127705号

策划编辑:杨 波
责任编辑:郝黎明
印　　刷:三河市双峰印刷装订有限公司
装　　订:三河市双峰印刷装订有限公司
出版发行:电子工业出版社
　　　　　北京市海淀区万寿路173信箱 邮编 100036
开　　本:787×1 092 1/16 印张:15 字数:384千字
版　　次:2014年7月第1版
印　　次:2021年5月第9次印刷
定　　价:36.00元

凡所购买电子工业出版社图书有缺损问题,请向购买书店调换。若书店售缺,请与本社发行部联系,联系及邮购电话:(010)88254888,88258888。
质量投诉请发邮件至zlts@phei.com.cn,盗版侵权举报请发邮件至dbqq@phei.com.cn。
本书咨询联系方式:(010)88254617,luomn@phei.com.cn。

前　言

　　陶行知先生曾提出"教学做合一"的理论，该理论十分重视"做"在教学中的作用，认为"要想教得好，学得好，就须做得好"。这就是被广泛应用在教育领域的"做中学，学中做"理论，实践能力不是通过书本知识的传递来获得发展，而是通过学生自主地运用多样的活动方式和方法，尝试性地解决问题来获得发展的。从这个意义上看，综合实践活动的实施过程，就是学生围绕实际行动的活动任务进行方法实践的过程，是发展学生的实践能力和基本"职业能力"的内在驱动。

　　探索、完善和推行"做中学，学中做"的课堂教学模式，是各级各类职业院校发挥职业教育课堂教学作用的关键，既强调学生在实践中的感悟，也强调学生能将自己所学的知识应用到实践之中，让课堂教学更加贴近实际、贴近学生、贴近生活、贴近职业。

　　本书从自学与教学的实用性、易用性出发，通过具体的行业应用案例，在介绍Windows 7操作系统各项功能的同时，重点说明Windows 7的软件功能与实际应用的内在联系；重点遵循Windows 7操作系统使用人员日常事务处理规则和工作流程，帮助读者更加有序地处理日常工作，达到高效率、高质量和低成本的目的。这样，以典型的行业应用案例为出发点，贯彻知识要点，由简到难，易学易用，让读者在做中学，在学中做，学做结合，知行合一。

◇ 编写体例特点

　　【你知道吗】（引入学习内容）——【项目任务】（具体的项目任务）——【探索时间】（对项目任务进行分析）——【做一做】（学中做，做中学）——【知识拓展】（类似项目任务，举一反三）——【课后习题与指导】（代表性、操作性、实用性）。

　　在讲解过程中，如果遇到一些使用工具的技巧和诀窍，以"教你一招"、"小提示"的形式加深读者印象，这样既增长了知识，同时也增强学习的趣味性。

◇ 本书内容

　　本书是Windows 7安装、使用与维护的基础实用教程，通过10个模块、53个具体的实用项目，对安装Windows 7、Windows 7的基本操作、文件资源的管理、设置Windows 7工作环境、硬件和软件的安装与管理、附件工具的使用、多媒体软件的使用、使用Windows 7浏览Internet、Windows 7的安全管理、Windows 7的优化与维护等内容进行了较全面地介绍，使读者可以轻松愉快地掌握Windows 7的操作与技能。

　　本书按照计算机用户循序渐进、由浅入深的学习习惯，以大量的图示、清晰的操作步骤，剖析了从Windows 7安装、使用到维护的过程，既可作为高职院校、中职学校计算机相关专业的基础课程教材，也可以作为计算机及信息高新技术考试、计算机等级考试、计算机应用能力考试等认证培训班的教材，还可作为计算机初学者的操作系统自学教程。

◇ 本书主编

　　本书由上海科技管理学校陈天翔、杭州市电子信息职业学校胡勤华、广西理工职业技术学院黄少芬主编，广东省汕头市澄海职业技术学校肖涛、广西经贸高级技工学校严敏、衡阳技师学院胡军副主编，师鸣若、丁永富、黄世芝、朱海波、蔡锐杰、张博、李娟、孔敏霞、郭成、宋裔桂、王荣欣、郑刚、王大印、李晓龙、曾卫华、李洪江、底利娟、林佳恩等参与编写。一些职业学校的老师参与试教和修改工作，在此表示衷心的感谢。由于编者水平有限，难免有错误和不妥之处，恳请广大读者批评指正。

◇ 课时分配

本书各模块教学内容和课时分配建议如下：

模 块	课 程 内 容	知 识 讲 解	学生动手实践	合 计
01	安装Windows 7	2.5	2.5	5
02	Windows 7的基本操作	2.5	2.5	5
03	文件资源的管理	2.5	2.5	5
04	设置Windows 7工作环境	2	2	4
05	硬件和软件的安装与管理	3	3	6
06	附件工具的使用	2.5	2.5	5
07	多媒体软件的使用	2	2	4
08	使用Windows 7浏览Internet	3.5	3.5	7
09	Windows 7的安全管理	1.5	1.5	3
10	Windows 7的优化与维护	2	2	4
总计		24	24	48

注：本课程按照48课时设计，授课与上机按照1:1比例，课后练习可另外安排课时。课时分配仅供参考，教学中请根据各自学校的具体情况进行调整。

◇ 教学资源

- 做中学 学中做-Windows 7基础与应用-案例效果与素材
- 做中学 学中做-Windows 7基础与应用-教师备课教案
- 做中学 学中做-Windows 7基础与应用-授课PPT讲义
- 做中学 学中做-Windows 7使用技巧
- 全国计算机等级考试考试大纲（2013年版）-二级MS Office高级应用考试大纲
- 全国计算机等级考试考试大纲（2013年版）-一级计算机基础及MS Office应用考试大纲
- 全国计算机等级考试考试大纲（2013年版）-一级计算机基础及WPS Office应用考试大纲
- 采购员岗位职责
- 仓库管理员岗位职责
- 导购岗位职责
- 客服岗位职责
- 前台岗位职责与技能要求
- 全国计算机等级考试-介绍
- 全国计算机等级考试一级笔试样卷-计算机基础及MS Office应用
- 全国计算机信息高新技术考试-办公软件应用技能培训和鉴定标准
- 全国计算机信息高新技术考试-初级操作员技能培训和鉴定标准
- 全国计算机信息高新技术考试-介绍
- 文员岗位职责
- 物业管理人员岗位职责
- 销售员岗位职责
- 做中学 学中做-Windows 7基础与应用-教学指南
- 做中学 学中做-Windows 7基础与应用-习题答案

为了提高学习效率和教学效果，方便教师教学，作者为本书配备了教学指南、相关行业的岗位职责要求、软件使用技巧、教师备课教案模板、授课PPT讲义、相关认证的考试资料等丰富的教学辅助资源。请有此需要的读者与本书编者（QQ号：2059536670）联系，获取相关共享的教学资源；或者登录华信教育资源网（http://www.hxedu.com.cn）免费注册后进行下载，有问题时请在网站留言板留言或与电子工业出版社联系（E-mail:hxedu@phei.com.cn）。

编 者
2014年6月

目 录

模块 01　安装 Windows 7 ……………… 1

项目任务 1-1　了解 Windows 7 ………… 1
项目任务 1-2　Windows 7 的授权方式 … 2
知识拓展——Windows 7 的破解版本 …… 3
项目任务 1-3　Windows 7 的光盘安装 … 3
项目任务 1-4　Windows 7 的 U 盘安装 … 8
课后练习与指导 …………………………… 11

模块 02　Windows 7 的基本操作 ……… 12

项目任务 2-1　启动 Windows 7 ………… 12
项目任务 2-2　认识 Windows 7 的
　　　　　　　桌面 ………………………… 13
项目任务 2-3　鼠标的基本操作 ………… 17
知识拓展——Windows 徽标键的使用 … 18
项目任务 2-4　Windows 7 窗口的
　　　　　　　基本操作 …………………… 19
项目任务 2-5　认识对话框 ……………… 22
项目任务 2-6　使用菜单命令 …………… 23
项目任务 2-7　运行应用程序 …………… 25
项目任务 2-8　获取帮助 ………………… 27
知识拓展——查看计算机系统基本
　　　　　　　信息 ………………………… 28
项目任务 2-9　注销用户退出系统 ……… 29
知识拓展——强制关机 …………………… 30
课后练习与指导 …………………………… 30

模块 03　文件资源的管理 ……………… 32

项目任务 3-1　认识文件与文件夹 ……… 32
项目任务 3-2　资源管理器的使用 ……… 35
项目任务 3-3　文件与文件夹的管理 …… 38
项目任务 3-4　设置文件和文件夹选项 … 44
项目任务 3-5　浏览文件与文件夹 ……… 45
项目任务 3-6　查找文件 ………………… 48

项目任务 3-7　管理回收站 ……………… 50
项目任务 3-8　库的使用 ………………… 51
知识拓展——WinRAR 压缩软件简介 …… 54
课后练习与指导 …………………………… 56

模块 04　设置 Windows 7 工作环境 …… 58

项目任务 4-1　自定义桌面 ……………… 58
项目任务 4-2　设置"开始"菜单 ……… 66
项目任务 4-3　设置任务栏 ……………… 67
项目任务 4-4　设置鼠标的工作方式 …… 70
知识拓展——键盘的设置 ………………… 73
项目任务 4-5　设置系统时间 …………… 74
课后练习与指导 …………………………… 75

模块 05　硬件和软件的安装与管理 …… 78

项目任务 5-1　硬件的安装与管理 ……… 78
项目任务 5-2　安装打印机 ……………… 83
项目任务 5-3　软件的安装与卸载 ……… 86
知识拓展——绿色软件简介 ……………… 91
项目任务 5-4　打开或关闭 Windows
　　　　　　　功能 ………………………… 91
项目任务 5-5　任务管理器的使用 ……… 92
项目任务 5-6　中文输入法的安装与
　　　　　　　使用 ………………………… 94
课后练习与指导 …………………………… 97

模块 06　附件工具的使用 ……………… 99

项目任务 6-1　计算器的使用 …………… 99
项目任务 6-2　截图工具的使用 ………… 102
项目任务 6-3　使用画图工具 …………… 104
知识拓展——ACDSee 简介 ……………… 113
项目任务 6-4　写字板的使用 …………… 115
课后练习与指导 …………………………… 123

模块 07　多媒体软件的使用 ·················· 125

项目任务 7-1　基本声音管理 ············· 125
项目任务 7-2　Windows Media Player 的
　　　　　　　使用 ···················· 129
知识拓展——千千静听（百度音乐）
　　　　　　简介 ························ 136
知识拓展——暴风影音简介 ··········· 138
项目任务 7-3　使用 Windows DVD Maker
　　　　　　　制作 DVD ················ 139
项目任务 7-4　使用 Windows Media
　　　　　　　Center ···················· 145
课后练习与指导 ··························· 158

模块 08　使用 Windows 7 浏览
　　　　　Internet ························ 160

项目任务 8-1　建立 Internet 连接 ······· 160
项目任务 8-2　浏览网页 ················· 167
项目任务 8-3　资料搜索与下载 ········· 171
项目任务 8-4　实用信息查询 ············ 178
项目任务 8-5　使用电子邮件 ············ 185

项目任务 8-6　使用 QQ 聊天工具 ······ 190
项目任务 8-7　使用微博 ·················· 194
课后练习与指导 ··························· 196

模块 09　Windows 7 的安全管理 ········ 198

项目任务 9-1　用户账户管理 ············ 198
知识拓展——用户账户类型 ············ 202
项目任务 9-2　家长控制 ·················· 202
项目任务 9-3　Windows 7 的安全
　　　　　　　防护工具 ················ 207
知识拓展——360 安全卫士计算机
安全防护软件 ······························· 216
课后练习与指导 ··························· 217

模块 10　Windows 7 的优化与维护 ······ 218

项目任务 10-1　优化和维护磁盘 ······· 218
项目任务 10-2　Windows 7 的
　　　　　　　 系统优化 ················ 222
项目任务 10-3　Windows 7 常见故障的
　　　　　　　 排除 ····················· 228
课后练习与指导 ··························· 233

Windows 7基础与应用

模块 01 安装Windows 7

你知道吗？

Windows 7 是由微软公司（Microsoft）2009年10月发布的操作系统，核心版本号为Windows NT 6.1。Windows 7 可供家庭及商业工作环境、笔记本电脑、平板电脑、多媒体中心等使用。

据Net Applications的数据，在2012年8月，Windows 7在全球的市场份额为42.76%，而Windows XP为42.52%。苹果的Mac OS X 10.7和Mac OS X 10.6分别占2.45%和2.38%，从调查的情况来看，目前Windows 7超过了Windows XP，成为世界上最受欢迎的操作系统之一。

学习目标

- 了解Windows 7
- Windows 7的授权方式
- Windows 7的光盘安装
- Windows 7的U盘安装

项目任务1-1 了解Windows 7

Windows 7 是由微软公司（Microsoft）开发的操作系统，核心版本号为Windows NT 6.1。Windows 7 可供家庭及商业工作环境、笔记本电脑、平板电脑、多媒体中心等使用。2009年7月14日Windows 7 RTM （Build 7600.16385）正式上线，2009年10月22日微软发布了服务器版本——Windows Server 2008 R2。2011年2月23日凌晨，微软面向大众用户正式发布了Windows 7升级补丁——Windows 7 SP1 （Build 7601.17514.101119-1850），另外还包括Windows Server 2008 R2 SP1升级补丁。

微软公司称，2014年，微软将取消Windows XP的所有技术支持。Windows 7将是Windows XP的继承者。

另外，Windows体验指数也由Vista的5.9上升至7.9。

Windows 7具有以下特色。

（1）易用。Windows 7做了许多方便用户的设计，如快速最大化、窗口半屏显示、跳转列表（Jump List）、系统故障快速修复等。

（2）快速。Windows 7大幅缩减了Windows 的启动时间，据实测，在2008年的中低端配置下运行，系统加载时间一般不超过20秒，这与Windows Vista的40多秒相比，是一个很大的进步（系统加载时间是指加载系统文件所需时间，而不包括计算机主板的自检及用户登录，且在没有进行任何优化时所得出的数据，实际时间可能根据计算机配置、使用的情况的不同而不同）。

（3）简单。Windows 7将会让搜索和使用信息更加简单，包括本地、网络和互联网搜索功能，直观的用户体验将更加高级，还会整合自动化应用程序提交和交叉程序数据透明性。

（4）安全。Windows 7包括改进了的安全和功能合法性，还会把数据保护和管理扩展到外围设备。Windows 7改进了基于角色的计算方案和用户账户管理，在数据保护和坚固协作的固有冲突之间搭建沟通桥梁，同时也会开启企业级的数据保护和权限许可。

（5）特效。Windows 7 的 Aero效果华丽，有碰撞效果、水滴效果，还有丰富的桌面小工具。这些都比Vista增色不少。

（6）效率。Windows 7中，系统集成的搜索功能非常强大，只要用户打开"开始"菜单并输入搜索内容，无论要查找应用程序还是文本文档等，搜索功能都能自动运行，给用户的操作带来极大的便利。

（7）小工具。Windows 7 的小工具更加丰富，且没有了像Windows Vista一样的侧边栏，这样，小工具可以放在桌面的任何位置，而不只是固定在侧边栏。2012年9月，微软停止了对Windows 7小工具下载的技术支持，原因是为了让新发布的Windows 8有令人振奋的新功能。

（8）高效搜索框。Windows 7系统资源管理器的搜索框在菜单栏的右侧，可以灵活调节宽窄。它能快速搜索Windows中的文档、图片、程序、Windows帮助甚至网络等信息。Windows 7系统的搜索是动态的，当我们在搜索框中输入第一个字的时刻，Windows 7的搜索就已经开始工作，大大提高了搜索效率。

（9）迄今为止最华丽但最节能的Windows。Windows 7 的Aero效果更华丽，有碰撞效果。Windows 7及其桌面窗口管理器（DWM.exe）能充分利用GPU的资源进行加速，而且支持Direct3D 10.1 API。这样做的好处主要有以下几个方面。

- 从低端的整合显卡到高端的旗舰显卡都能得到很好地支持，而且有同样出色的性能。
- 流处理器将用来渲染窗口模糊效果，即俗称的毛玻璃。
- 每个窗口所占内存（相比Vista）能降低50%左右。
- 支持更多、更丰富的缩略图动画效果，包括"Color Hot-Track"——鼠标滑过任务栏上不同应用程序的图标的时候，高亮显示不同图标的背景颜色也会不同。并且执行复制程序的状态指示也会显示在任务栏上，鼠标滑过同一应用程序图标时，该图标的高亮背景颜色也会随着鼠标的移动而渐变。

项目任务1-2　Windows 7的授权方式

总体上说，Windows 7的许可授权方式分为以下三种。

（1）零售方式。个人选择购买自己喜欢的版本，获得个人授权。用户同时还可以获得表明产品正版的真品证书（Certificate of Authentication，简称COA）。这种方式授权又包括完整授权和升级授权，完整授权是购买一个完整的产品，可以用来安装或者升级，这是所有授权方式中最贵的。升级授权只能用来升级现有系统，如从Vista到Windows 7，该授权由微软公司提供支持。

（2）OEM方式。由OEM厂商在出售的计算机中预装，随计算机一起授权使用。系统已经预装在计算机上，同时与计算机主板锁定。通常附带提供COA和用来重装的系统恢复光盘。由OEM厂商提供支持，OEM授权不能用来升级，通常这是最便宜的授权方式。

（3）批量方式。给政府、企业、教育机构等客户进行批量授权。该授权通过相关机构获得和管理，主要适用于Windows的较高级版本（一般不包括家庭版）。这种授权方式包括很多种，例如，Open Value、Open License、Select Plus、Select License、Enterprise Agreement、Enterprise Subscription Agreement等。需要说明的是，批量授权只能用于Windows升级授权不包括完整授权，也就是说计算机已经拥有通过OEM或者零售获得的低版本的Windows授权才能使用批量授权。

知识拓展——Windows 7的破解版本

破解版又称为绿色版，严格来说这不属于一种授权版本，因为它是针对商业版、试用版、共享版这类有使用限制的软件进行二次开发之后形成的特殊版本，也就是说，使用者可以在没有任何经济付出的条件下无限制地使用该软件的全部功能。一般通过改写原软件、制作算号器、拦截注册信息等方式实现。

其实软件开发商为了保护自己的利益，在软件中加入各种限制措施，防止用户滥用自己开发的软件，这是正常的做法。但正版Windows 7的售价相对较高，这与我国的经济状况和软件发展水平有点不相称，因此催生了破解版的出现。

在互联网上存在着大量的破解版Windows 7操作系统，破解版本在使用时可能会出现性能不稳定、黑屏等情况，因此用户在使用网上的破解版本Windows 7时要慎重。

作为普通的计算机用户应该尊重微软的劳动果实，购买正版Windows 7。

项目任务1-3 Windows 7的光盘安装

探索时间

某公司职员小王的计算机操作系统出现了故障，无法启动。小王手里正好有一个Windows 7的安装光盘，小王决定自己来安装Windows 7。在安装Windows 7前小王应首先做哪些准备工作？在安装Windows 7时大体上要经历哪些步骤？

在使用光盘安装Windows 7时应首先做以下准备工作。

（1）准备好Windows 7安装光盘，并检查光驱是否支持自启动。

（2）在可能的情况下，在运行安装程序前用磁盘扫描程序扫描所有硬盘，检查硬盘错误并进行修复，否则安装程序运行时（如检查到有硬盘错误）会很麻烦。

（3）用纸张记录安装文件的产品密匙（安装序列号）。

（4）如果计算机已经有Windows操作系统，请先确认计算机目标安装盘是否需要备份数据，当全新安装后，系统盘（包括桌面数据）数据都将被全部覆盖掉。

使用光盘安装Windows 7的具体步骤如下。

Step 01 在安装系统之前首先需要在BIOS中将光驱设置为第一启动项。进入BIOS的方法随不同BIOS而不同，一般来说有在开机自检通过后按Delete键或者是F2键等。进入BIOS以后，找到Boot项目，然后在列表中将第一启动项设置为CD-ROM即可，如图1-1所示。不同品牌的BIOS设置有所不同，详细内容请参考主板说明书。

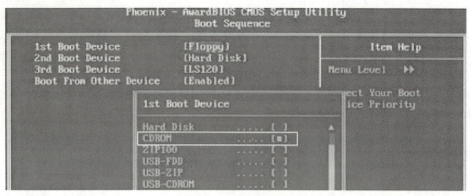

图1-1 设置从光盘启动

Step 02 在BIOS将CD-ROM设置为第一启动项后，重启计算机就会发现如图1-2所示的boot from CD提示符。

图1-2 提示从光盘启动

Step 03 按任意键即可从光驱启动系统，然后等待显示Starting Windows，接着显示Windows is loading files...，开始进入安装界面，如图1-3所示。

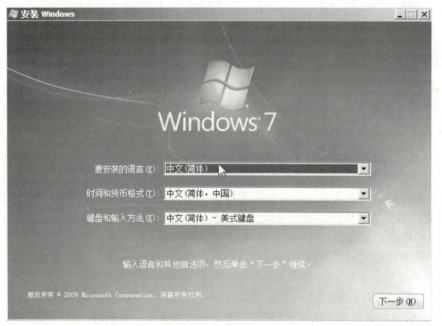

图1-3 选择安装语言

Step 04 如果安装的是中文版默认就是中文了，Windows 7旗舰版本还可以在安装后安装多语言包，升级支持其他语言显示，语言设置好后，单击"下一步"按钮，进入如图1-4所示的界面。

图1-4 开始安装

Step **05** 如果是全新安装,就不会看到升级界面上兼容测试等选项(如果从低版本Windows上单击安装就会有),单击"现在安装"按钮,进入如图1-5所示的界面。

Step **06** 选中"我接受许可条款"复选框,单击"下一步"按钮,进入如图1-6所示的界面。

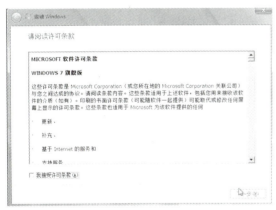 

图1-5 阅读许可条款　　　　　　　　　图1-6 选择安装类型

Step **07** 这里要选择"自定义(高级)"选项,因为Windows 7升级安装只支持打上SP1补丁的Vista,其他操作系统都不可以升级的。选择"自定义(高级)"选项后进入如图1-7所示的界面。

Step **08** 在这里用户可以选择安装Windows 7的安装位置。如果想对硬盘进行分区或者格式化,可以单击"驱动器选项"按钮,进入如图1-8所示的界面。如果需要对系统盘进行某些操作,如格式化、删除驱动器等都可以在如图1-8所示的界面中操作,方法是选择驱动器盘符,然后在下面选择相应的命令。

Windows 7基础与应用

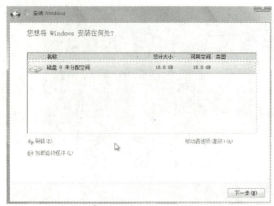

图1-7 选择安装位置

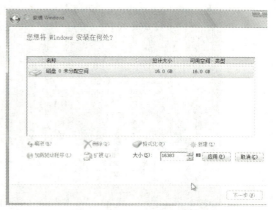

图1-8 硬盘的高级操作

提示

我们以前在使用Windows XP安装程序时，安装程序会自带NTFS格式化和NTFS快速格式化选项，但是从Vista开始，默认的格式化都是快速格式化，也就是说如果原分区已经是NTFS则只是重写了MFT表，删除现有文件，如果系统分区存在错误，可能在安装过程并不能发现，这可以提高安装速度。

注意

如果删除了分区然后让Windows使用Free空间创建分区，那么旗舰版的Windows 7将在安装时会自动保留一个100MB或200MB的保留盘供BitLocker使用。如果用户只是在驱动器操作选项（Drive Options）里对现有分区进行Format，Windows 7则不会创建保留分区，仍然保留原分区状态。

Step 09 选择Windows 7的安装位置后，单击"下一步"按钮开始安装，界面如图1-9所示。

Step 10 在安装的过程中可能有多次重启，最后一次重启后进入如图1-10所示的界面。

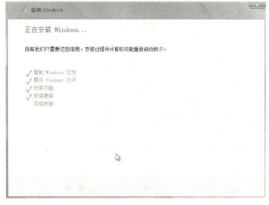

图1-9 开始安装界面

图1-10 设置用户名

Step 11 设置用户名后，单击"下一步"按钮，进入如图1-11所示的界面。

Step 12 设置密码后，单击"下一步"按钮，进入如图1-12所示的界面。

图1-11　设置密码　　　　　　　　　　　图1-12　输入密钥

Step 13　输入Windows 7的产品序列号（25位），这个也可以暂时不输入，用户也可以在稍后进入系统之后进行激活。单击"下一步"按钮，进入如图1-13所示的界面。

Step 14　设置Windows 7的更新配置，有三个选项：使用推荐配置、仅安装重要的更新和以后询问我。选择一个，单击"下一步"按钮，进入如图1-14所示的界面。

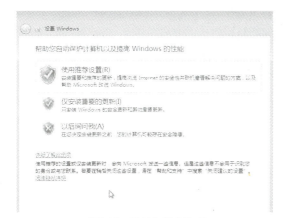　　　　　　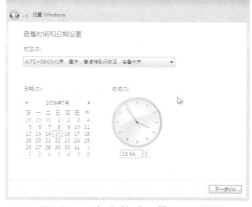

图1-13　区域和语言选项　　　　　　　　图1-14　"查看时间和日期设置"界面

Step 15　设置好系统时间后，单击"下一步"按钮，完成设置。系统重新启动进入桌面环境，如图1-15所示。

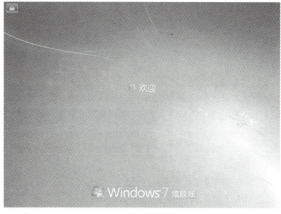

图1-15　安装完成进入系统

项目任务1-4 Windows 7的U盘安装

探索时间

小王同事的计算机操作系统也出现了故障，但是他的计算机上没有光盘，小王决定使用U盘来为同事的计算机安装Windows 7。小王使用U盘安装Windows 7要具备哪些基本条件？

动手做1 制作U盘启动盘

随着U盘的普及，用U盘来装系统变得越来越普遍了，使用U盘安装Windows 7的前提是用户必须有一个U盘（1GB以上），还要有Windows 7的安装文件。

在使用U盘安装系统时，首先应把U盘制作成启动盘，U盘启动盘制作工具很多，下面介绍一下使用Windows PE制作U盘启动盘。Windows PE系统是我们经常用到的系统维护工具，平时我们可以用来维护管理计算机、安装系统等。

Windows PE的版本很多，这里以老毛桃Windows PE为例介绍一下U盘启动盘的制作方法，基本步骤如下。

Step 01 在网上下载一个老毛桃U盘启动制作工具。

Step 02 双击下载的老毛桃U盘启动制作工具，打开如图1-16所示的界面。

Step 03 选择"U盘启动"选项，插入U盘，在"请选择"下拉列表框中会显示插入的U盘，如果计算机上有多个U盘，则在"请选择"下拉列表框中选择要制作启动盘的U盘。

Step 04 单击"一键制作成USB启动盘"按钮打开一个"警告"对话框，如图1-17所示。

Step 05 单击"确定"按钮，开始格式化U盘，并向U盘中写入Windows PE文件。

Step 06 U盘启动盘制作结束后，系统会给出提示。

图1-16 老毛桃U盘启动制作工具界面

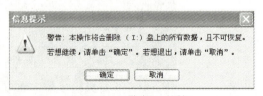

图1-17 "警告"对话框

动手做2 从U盘启动安装系统

使用U盘启动盘可以安装原版系统，这里以安装Windows 7原版系统iso镜像文件为例介绍一下使用U盘启动盘安装原版系统的基本方法。

Step 01 将制作好的U盘插在计算机上，然后在BIOS中将U盘设置为第一启动项。

Step 02 启动计算机后系统从U盘启动，界面如图1-18所示。

Step 03 利用键盘上的上下箭头选择"安装原版Windows 7/ Windows 8系统（非GHOST版）"，然后按Enter键进入选择Windows 7的安装方式界面，如图1-19所示。

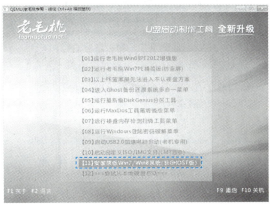

图1-18 U盘启动界面　　　　　　　　图1-19 选择Windows 7的安装方式

Step 04 选择"第四项"按Enter键进入Windows PE桌面，在计算机中找到用户事先准备好Windows 7原版系统的iso镜像文件，然后在镜像文件上右击，出现一个菜单如图1-20所示。

Step 05 在快捷菜单中选择"加载虚拟磁盘"命令打开"装载虚拟磁盘"对话框，如图1-21所示。在对话框中选择虚拟磁盘的加载位置，如这里的加载盘符为G，单击"确定"按钮。

图1-21 选择加载虚拟磁盘的位置　　　　图1-20 选择"加载虚拟磁盘"命令

提示

用户也可以利用虚拟光驱来加载或者直接用右键菜单里的RAR解压到本地硬盘分区。

Windows 7基础与应用

Step 06 双击桌面上的"我的电脑"图标,在"我的电脑"窗口中可以看到刚才加载的虚拟磁盘G,如图1-22所示。

Step 07 打开虚拟光驱,直接双击Setup.exe进行安装,如图1-23所示。

图1-22 加载的虚拟磁盘　　　　　　　　图1-23 开始安装

> **提示**
> 用户还可以利用Windows PE桌面上的Windows 安装工具来安装Windows 7。

动手做3　从U盘启动恢复系统

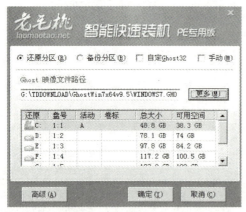

用户也可以从U盘启动然后使用Ghost恢复方式来安装系统,基本方法如下。

Step 01 在制作好的U盘根目录下新建一个名为GHO的文件夹,将用户准备好的Ghost映像文件复制到GHO文件夹下。

Step 02 进入Windows PE桌面后会搜索U盘是否存在名为GHO的文件夹,如果存在继续检测此GHO文件夹下GHO文件,然后程序弹出"智能快速装机"主界面,如图1-24所示。

图1-24 "智能快速装机"主界面

> **提示**
> 如果想使用本地硬盘的GHO文件进行系统恢复,可以单击程序主界面上的"更多"按钮进行浏览和选择。如果没有自动弹出"智能快速装机"主界面,用户可以在Windows PE桌面上双击"PE一键装机"工具,也会打开"智能快速装机"主界面。

Step 03 在"Ghost映像文件路径"列表中会自动显示从U盘找到的Ghost映像文件路径,如果想使用本地硬盘的GHO文件进行系统恢复,用户可以单击程序主界面上的"更多"按钮进行浏览和选择。

Step 04　在"还原"列表中选中要还原到的磁盘驱动器,然后单击"确定"按钮,打开如图1-25所示的提示对话框。

Step 05　单击"是"按钮,则系统开始还原,如图1-26所示。还原结束后重新启动计算机,则系统将自动进行安装。

图1-25　提示对话框

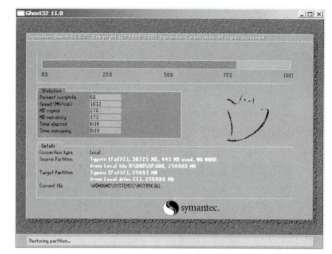

图1-26　系统还原界面

课后练习与指导

一、填空题

1. Windows 7是_____年正式发布的。
2. Windows 7 Service Pack 1是_____年发布的。
3. 在使用光盘安装系统之前首先需要在_____中将光驱设置为第一启动项。
4. 在使用U盘安装系统时首先要_____。
5. 使用U盘启动盘安装原版系统必须有_____或_____。
6. 使用U盘启动盘恢复系统必须有_____。

二、简答题

1. Windows 7具有哪些特色?
2. Windows 7有哪些授权方式?

三、实践题

练习1:使用百度(http://www.baidu.com)搜索一下U盘启动盘制作工具都有哪些。
练习2:尝试使用另外一个U盘启动盘制作工具制作U盘启动盘。

Windows 7基础与应用

模块 02 Windows 7的基本操作

你知道吗？

开启计算机后首先进入的就是桌面，桌面就是用户使用Windows系统的主区域，人们接触、使用Windows 7，自然也离不开桌面这个平台。

学习目标

- 启动 Windows 7的方法
- 认识Windows 7的桌面
- 鼠标的基本操作
- Windows 7窗口的基本操作
- 认识对话框
- 使用菜单命令
- 运行应用程序
- 获取帮助
- 注销用户
- 退出系统

项目任务2-1 启动 Windows 7

探索时间

小王的同事小张是刚入职的一个员工，同时他也是计算机菜鸟，他在启动Windows 7时总是先打开主机箱电源开关，然后打开显示器电源开关，他的操作是否正确？

正确完成Windows 7系统的安装后，默认情况下，每次开机即自动启动Windows 7。在开机之前，首先要确保连接计算机的电源和数据线已经接通，打开显示器电源开关，电源指示灯变亮后，然后打开主机箱电源开关就开始启动计算机了。

如果在Windows 7中只有一个用户账号，并且没有设置密码，则Windows 7通过"欢迎"界面后直接进入Windows 7的桌面。如果账号设置了密码，则在启动Windows 7之后，会进入Windows 7的登录界面，在界面中输入密码即可登录。

Windows 7支持多用户，在Windows 7中可以创建多个用户账号。如果在同一台计算机上建有多个用户账号，在启动Windows 7之后，就进入了Windows 7的登录界面，如图2-1所示，在登录界面用户选择某个预先设好的用户图片，输入密码（如果有的话），即可登录，并享有相应的权限。

图2-1　Windows 7的多用户登录界面

巩固练习

1．在登录Windows 7时用户设置密码和没有设置密码有哪些不同？
2．在登录Windows 7时多账号和单账号有哪些区别？

项目任务2-2　认识Windows 7的桌面

探索时间

小王计算机上的操作系统是Windows 7，在桌面上没有计算机图标，由于小王习惯从桌面进入计算机窗口，他如何操作才能在桌面上显示计算机图标？

动手做1　设置桌面图标

在首次启动Windows 7后，可以看到桌面上只有一个"回收站"图标。为了方便使用，可以将其他常用系统图标显示到桌面上，具体步骤如下。

Step 01　在桌面的任意空白处右击，在弹出的快捷菜单中选择"个性化"命令，如图2-2所示。

Step 02　在打开的"控制面板个性化"窗口中的左侧"任务"列表中单击"更改桌面图标"选项，如图2-3所示。

Step 03　在打开的"桌面图标设置"对话框中的"桌面图标"区域选中"计算机"复选框、"用户的文件"复选框、"网络"复选框和"控制面板"复选框，如图2-4所示。

Step 04　单击"确定"按钮，返回到桌面后，就可以看到常用的系统图标了，如图2-5所示。

这几个常见任务的基本功能如下。

图2-2　桌面右键快捷菜单

- 用户的文件：这是一个根据当前登录到Windows 7的账户名命名的图标，如当前登录到系统的账户名为"Administrator"，那么桌面上的"用户的文件"图标名称就是"Administrator"。在双击此图标打开的窗口中，可以看到此文件夹中存储的内容都是基于当前用户的，如"文档"、"音乐"、"图片"和"视频"文件夹等。

Windows 7基础与应用

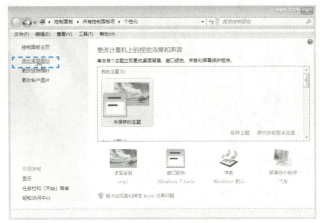

图2-3 "控制面板个性化"窗口　　　　　　图2-4 "桌面图标设置"对话框

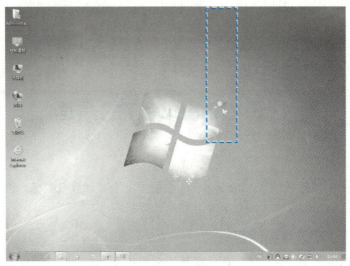

图2-5　Windows 7 的桌面

- 计算机：在Windows 7的桌面中，使用了全新的"计算机"图标替代了以往Windows桌面上的"我的电脑"图标。它们的作用基本上是一致的，都是用于管理计算机中的所有资源，如磁盘分区、文件夹、文件等内容。
- 回收站：用来保存没有被用户永久删除的文件或文件夹，用户可以把回收站中的文件恢复到原来的位置或移动到其他的位置，回收站的存在避免了错误操作的风险。
- 网络：在Windows 7中使用了"网络"图标替代了传统的"网上邻居"图标，这是网络管理功能大幅升级的一种表现。它为管理员用户提供了访问与管理局域网中资源及对本地网络进行配置的能力。

动手做2　认识"开始"菜单

Windows 7提供了一个增强的"开始"菜单，这个"开始"菜单将经常使用的文件和应用程序组织在一起，以便快速方便地进行访问。单击桌面左下角"开始"按钮或者按下键盘上位于Ctrl键和Alt键之间的Windows键，则屏幕上就会显示出Windows 7的"开始"菜单，如图2-6所示。

14

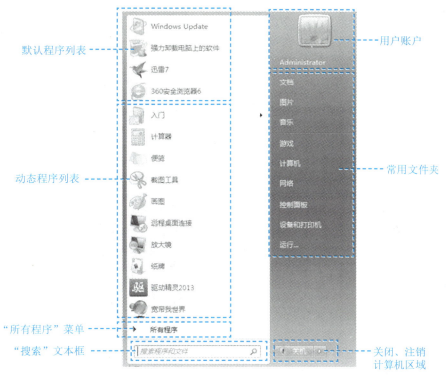

图2-6 "开始"菜单

"开始"菜单由用户账户、程序列表、常用文件夹、"所有程序"菜单、"搜索"文本框及关闭计算机区域6部分组成,其中程序列表分为默认程序列表和动态程序列表。

- 用户账户:用户账户显示的是当前登录用户的账户名称,通过该账户按钮用户可以方便地对本地账户进行管理。
- 默认程序列表:这里显示了用于浏览网页和收发电子邮件的系统默认程序,可以通过设置进行更改。
- 动态程序列表:在默认程序列表下方显示了曾经运行过的程序名称,Windows 7默认记录最近运行过的10个程序,随着新运行程序的增加,将替换10个程序中最早的一个,依次向下滚动显示。因此对于经常启动的程序,一般都可以直接从这里启动。
- "所有程序"菜单:如果单击该菜单或将光标指向该菜单,稍后即可展开其子菜单,其中显示了系统自带的很多实用程序,以及用户自己安装的各种应用程序。"所有程序"菜单的使用频率是非常高的,启动各种应用程序都是从这里开始的。
- "搜索"文本框:这是Windows 7的一大功能,可以直接在"开始"菜单的"搜索"文本框中对程序或各种文档进行搜索,并可对搜索结果进行查看或启动所需的程序。
- 常用文件夹:"开始"菜单的右半部分显示了计算机中常用的文件夹名称,主要包括当前登录系统的用户文件夹,以及计算机、网络、控制面板和默认程序等文件夹。单击这些文件夹名称可直接打开相应的窗口进行相关的操作。
- 关闭、注销计算机区域:这部分按钮主要用来改变计算机的当前状态,如让计算机进入睡眠、休眠、锁定状态或切换注销当前登录的用户及关机。

在"开始"菜单的"所有程序"菜单中,新安装的程序用突出显示来表示,因此,用户很容易看出哪些程序是新安装的程序,哪些是以前安装的程序,如图2-7所示。

Windows 7基础与应用

图2-7 突出显示新安装的程序

动手做3　了解任务栏

初始的任务栏在屏幕的底端，具体包括"开始"按钮、快速启动栏、任务按钮、输入法和通知区域，如图2-8所示。

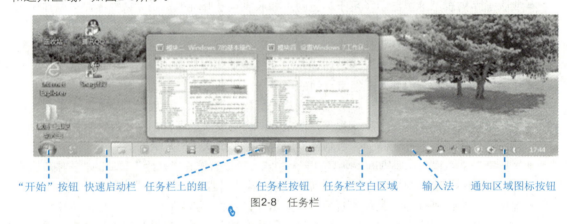

图2-8 任务栏

任务栏的各组成部分功能如下。

- "开始"按钮：在任务栏的最左边是带有Windows 7标志的"开始"按钮，单击该按钮打开"开始"菜单。
- 快速启动栏：在"开始"按钮的右侧，可以将一些经常使用的程序的快捷方式图标添加到快速启动栏中。
- 任务栏按钮：任务栏用于显示系统中正在运行的程序和打开的窗口、当前时间等任务。

16

如果启动了某个任务（如打开了一个窗口），那么任务栏中就会产生一个与之对应的任务按钮。例如，运行了"计算器"这个程序时，任务栏中就会出现一个名为"计算器"的任务按钮。如果启动了多个任务，那么在任务栏中就会产生多个一一对应的任务按钮，通过单击任务栏上的不同任务按钮，可以在启动的任务中进行切换。

- 任务栏空白区域：没有任何可操作元素的任务栏的区域，右击任务栏空白区域，在弹出的菜单中通常都可以对任务栏进行一些设置选项。
- 输入法：选择输入语言的方法。
- 通知区域：该区域包括网络状态、时钟，以及一些显示计算机设置状态或特定程序的图标。

默认设计中，在Windows 7中采用了工作组的方法扩充了任务栏，从而也使得管理上更为方便、简洁。工作组方案就是同一类型的程序放在一起，例如，把Word文件组合在一起，Internet Explorer视窗组合在一起，Windows 7会以卷动式功能表来收藏它们。如果要切换的应用程序存在于组中，单击任务栏中组的下拉箭头将会显示出该组中所有程序的列表，单击相应的图标即可切换到相应的应用程序。

教你一招

除了通过单击任务栏按钮切换应用程序之外，用户还可以使用快速切换键Alt＋Tab键来切换。例如，如果同时打开了文件夹、Word文档、PowerPoint幻灯片，而在全屏放映幻灯片时看不见任务栏，如果要切换到其他打开的文件夹或运行的程序，使用Alt＋Tab组合键来切换非常方便。

巩固练习

1. 在桌面上隐藏"计算机"和"网络"两个图标。
2. 打开多个同一类型的程序，应用任务栏中的组来切换程序。

项目任务2-3 鼠标的基本操作

探索时间

单击桌面上的某一个图标执行的是哪种操作？双击桌面上的某一个图标执行的是哪种操作？右击桌面上的某一个图标执行的是哪种操作？

动手做1　了解鼠标

在Windows 7的安装和使用过程中，鼠标是不可替代的快捷工具，使用鼠标比使用键盘能够更快捷地选择、打开各个应用程序、菜单、对话框等。所以掌握基本的鼠标使用技术是非常必要的。

常见的鼠标有滚轮式和光电式等类型，滚轮式鼠标在外观方面的最大特点是在底部的凹槽中有一个起定位作用从而使光标移动的滚轮，目前这种鼠标已不常用。光电鼠标使用的是光眼技术，光电感应装置每秒发射和接收信号，实现精准、快速的定位和指令传输。

常用的鼠标有两个键：左键和右键，左键是基本键，而右键是不可缺少的辅助键。千万不要忽视了右键的作用，右键一般用于一些快捷的操作，如快速选择菜单中的选项、执行特殊命令等。

鼠标的基本操作共有5种：指向、拖动、单击、双击和右击。

❖ 动手做2　指向

用手移动鼠标，使用屏幕上的鼠标指针指向指定的位置。
指向操作适用范围：使鼠标指针移动到指定位置。

❖ 动手做3　拖动

当鼠标指针指向某个对象后，按下鼠标左键，在不松开的情况下移动鼠标，使被指向的对象移动，到达目标位置后松开鼠标左键，完成拖动操作。
拖动操作适用范围：移动文件、窗口位置，调整窗口大小等。

❖ 动手做4　单击

鼠标指针在某个位置上，按下鼠标左键后，不移动鼠标快速松开。
单击操作适用范围：选定文件，变换光标位置，确定菜单命令等。

❖ 动手做5　双击

鼠标指针在指定位置上，快速单击鼠标左键两次的操作。
双击操作适用范围：打开文件或文件夹，切换窗口大小等。

❖ 动手做6　右击

鼠标指在某个对象上，按住鼠标右键后，不移动鼠标快速起开。
右击操作适用范围：调出快捷菜单等。

巩固练习

选择桌面上的一个图标（如"计算机"图标），使用鼠标分别进行指向、拖动、单击、双击和右击的操作，观察操作结果的不同。

知识拓展——Windows徽标键的使用

Windows徽标键就是显示为Windows旗帜或标有文字Win或Windows的按键，Windows徽标键位于Ctrl键和Alt键之间，左右各一个，在Windows 7的操作过程中Windows徽标键可以配合其他键使用。

- Windows 徽标键：打开或关闭"开始"菜单。
- Windows 徽标键 + Pause：显示"系统属性"窗口。
- Windows 徽标键 + D：显示桌面。
- Windows 徽标键 + M：最小化所有窗口。
- Windows 徽标键 + Shift + M：将最小化的窗口还原到桌面。
- Windows 徽标键 + E：打开"计算机"窗口。
- Windows 徽标键 + F：搜索文件或文件夹。
- Ctrl + Windows 徽标键 + F：搜索计算机。
- Windows 徽标键 + L：锁定计算机。
- Windows 徽标键 + R：打开"运行"对话框。
- Windows 徽标键 + T：循环切换任务栏上的程序。

- Windows 徽标键 + 数字：启动锁定到任务栏中的由该数字所表示位置处的程序。如果该程序已在运行，则切换到该程序。
- Shift + Windows 徽标键 + 数字：启动锁定到任务栏中的由该数字所表示位置处的程序的新实例。
- Ctrl + Windows 徽标键 + 数字：切换到锁定任务栏中的由该数字所表示位置处的程序的最后一个活动窗口。
- Alt + Windows 徽标键 + 数字：打开锁定任务栏中的由该数字所表示位置处的程序的跳转列表。
- Windows 徽标键 + Tab：使用 Aero Flip 3-D 循环切换任务栏上的程序。
- Ctrl + Windows 徽标键 + Tab：通过 Aero Flip 3-D 使用箭头键循环切换任务栏上的程序。
- Ctrl + Windows 徽标键 + B：切换到在通知区域中显示消息的程序。
- Windows 徽标键 + Space键：预览桌面。
- Windows 徽标键 + 向上键：最大化窗口。
- Windows 徽标键 + 向左键：将窗口最大化到屏幕的左侧。
- Windows 徽标键 + 向右键：将窗口最大化到屏幕的右侧。
- Windows 徽标键 + 向下键：最小化窗口。
- Windows 徽标键 + Home：最小化除活动窗口之外的所有窗口。
- Windows 徽标键 + Shift + 向上键：将窗口拉伸到屏幕的顶部和底部。
- Windows 徽标键 + P：选择演示显示模式。
- Windows 徽标键 + G：循环切换小工具。
- Windows 徽标键 + U：打开"轻松访问中心"窗口。
- Windows 徽标键 + X：打开 Windows 移动中心。
- Windows 徽标键 + F1：打开Windows帮助和支持中心窗口。

项目任务2-4 Windows 7窗口的基本操作

探索时间

在桌面上使用鼠标左键双击"计算机"图标打开"计算机"窗口，在"计算机"窗口界面观察窗口由哪些基本部分组成。

动手做1 了解窗口的基本构成

窗口是屏幕上的一个长方形区域，用户可以在窗口中查看程序、文件、文件夹、图标或者在应用程序窗口中建立自己的文件。例如，在桌面上双击"计算机"图标，打开如图2-9所示的"计算机"窗口。在Windows 7中所有的窗口都具有相同的基本构造，对它们的操作也是一样的，这样用户可以方便地管理自己的工作，这里以"计算机"窗口为例简单介绍一下窗口的构成。

Windows 7基础与应用

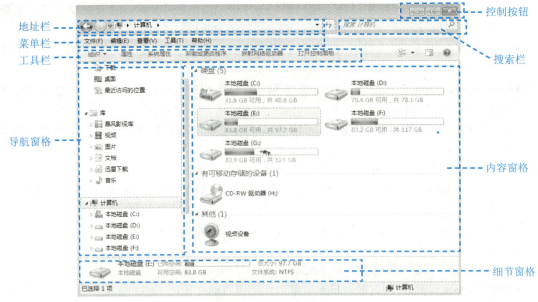

图2-9 "计算机"窗口

※ 动手做2　窗口的最大化和最小化

在每一个窗口中都会有"最大化" 、"最小化" 、"关闭"按钮 。使用这三个按钮可以迅速改变窗口的大小。

- 如果单击"最大化"按钮可以将窗口放大到最大尺寸。
- 如果单击"最小化"按钮可以将窗口缩小为任务栏上的一个按钮。
- 如果单击"关闭"按钮可以将当前窗口关闭。

当窗口变为最大化后，用户可以看到"最大化"按钮会变为 。这就是"还原"按钮，单击该按钮窗口又恢复为最大化前的大小。

※ 动手做3　改变窗口大小

有时候使用"最大化"按钮和"还原"按钮得到的窗口尺寸不符合特定的要求，此时用户可以使用鼠标拖动窗口的边框改变窗口的尺寸。

将鼠标放到窗口边框的不同位置，鼠标会显示为不同的情况。

- 将鼠标指针定位在窗口的上下边框时，鼠标指针将会变为垂直的双向箭头，此时按住鼠标左键不放拖动鼠标可以改变窗口的高度。
- 将鼠标指针定位在窗口两侧的边框时，鼠标指针将会变为水平的双向箭头，此时按住鼠标左键不放拖动鼠标可以改变窗口的宽度。
- 将鼠标指针定位在窗口边框的四个角时，鼠标指针将会变为斜线双向箭头，此时按住鼠标左键不放拖动鼠标可以改变窗口的高度和宽度，如图2-10所示。

Windows 7的基本操作 02

图2-10 使用鼠标改变窗口大小

❖ 动手做4　移动窗口

当用户同时打开多个窗口时，移动窗口也变得十分重要，移动窗口可以改变窗口的位置，以方便操作。用户可以使用鼠标来移动窗口，将鼠标指针定位到窗口的标题栏上，按住鼠标左键不放拖动鼠标至目标处时，释放鼠标即将窗口移动至新的位置。

提示

窗口在最大化的情况下是无法移动的。

❖ 动手做5　窗口的切换

切换窗口就是选择另一个窗口为活动窗口，这里介绍三种最常用的方法。
- 单击任务栏上所需切换到的程序窗口按钮，从当前程序切换到所选程序。
- 按下键盘上的Alt+Tab组合键，在屏幕的中央显示一个任务列表框。按住Alt键不放，再按Tab键即可在切换程序窗口中选择程序图标，选中所要切换到的程序图标后，松开Alt键和Tab键即可切换到所选程序。
- 用户还可以使用任务管理器切换程序，在任务栏上击右，在快捷菜单中选择"启动任务管理器"选项，打开"Windows任务管理器"对话框，如图2-11所示，在"应用程序"选项卡的任务列表中单击要切换到的应用程序，单击"切换至"按钮，可切换到相应的应用程序。

图2-11 "Windows任务管理器"对话框

❖ 动手做6　关闭窗口

在完成一个使用窗口时应关闭它，这可以节省内存，加速Windows 7的运行，并保持桌面的整洁。

关闭窗口的方法很简单，只需要单击标题栏上的"关闭"按钮即可关闭窗口。

巩固练习

1. 练习使用三种不同的方法切换窗口。
2. 练习利用鼠标拖动改变窗口大小。

项目任务2-5 认识对话框

探索时间

在菜单命令中单击后面有3个小圆点的菜单命令打开对话框，观察一下对话框和窗口有哪些区别？

在Windows环境下，当用户执行某些操作时，系统会出现一个临时窗口，在该临时窗口中会出现一些选项或者一些提示供用户进行选择，这种临时窗口称为对话框，如图2-12所示。

对话框可以移动，但是不能改变大小。对话框标题栏的右上角有两个按钮，一个是"关闭"按钮 ✕，单击它可以关闭对话框；另一个是"帮助"按钮 ?，用户可以获得对话框中有关选项的帮助信息。

一个典型的对话框通常由以下对象元素组成。

- 命令按钮：单击命令按钮，能够完成该按钮上所显示的命令功能，如确定、修改、取消等。
- 下拉列表框：在一个对话框中有时会出现一个方框，并在右边有一个向下的箭头标志 ▼，当用户单击该方框时，就会出现一个具有多项选择的列表。用户可以从中选择其中的一个选项，这一类列表称为下拉列表框。
- 复选框：有时，在一个对话框中会列出多项的选择选项，用户可以在其中选择一项或多项，这一类对话框称为复选框。在复选框中单击某一个项目时，在该选项前面的方框中将出现一个对号标志，表示该选项已被选中。如果要取消所选中的项目，再次单击该选项即可。
- 单选按钮：在某些项目中有若干个选项，其标志是前面有一个圆环，当用户选中某个选项时，出现一个小实心圆点表示该选项被选中。在单选按钮选择项中，只能选中其中一项，这和复选框是不同的。
- 输入框：在输入框中单击时会出现插入点，用户可以直接在输入框中输入文字或文本信息。
- 选项卡：对话框中的选项设置可能会很多，选项卡则是对对话框中的功能进一步的详细分类，它将对话框中的选项设置分为不同的子功能放到一个选项卡页面。如果用户希望设置不同的子功能，可以单击该类别的选项卡进入相应的页面进行设置。
- 数值选择框：由一个文本框和一对方向相反的箭头组成，单击向上或向下的箭头可以增加或减少文本框中的数值，也可以直接从键盘上输入数值。
- 帮助按钮：单击帮助按钮，打开帮助窗口，用户可以在窗口中查找帮助信息。

模块 02 Windows 7的基本操作

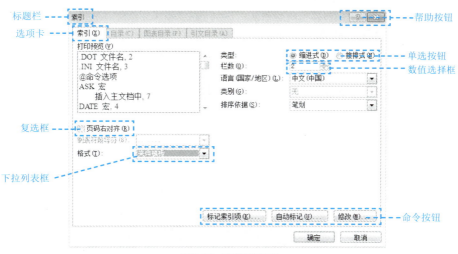

图2-12 对话框界面

巩固练习

1. 打开一个对话框，观察对话框中有哪些类别。
2. 单击对话框的"帮助"按钮，查看帮助信息。

项目任务2-6 使用菜单命令

探索时间

在打开菜单时会发现有些菜单命令的后面有一个黑三角，有些菜单命令的颜色为浅灰色，有些菜单命令的后面有3个小圆点，有些菜单命令的前面有一个对号或者一个小黑点，这些标识分别表示什么？

动手做1 使用下拉菜单

在程序或窗口中，一般在标题栏下面的就是菜单栏。菜单栏中的每个菜单中都包含着若干命令，使用这些命令用户可以对当前窗口或程序进行操作。

用户将鼠标指向某一菜单并单击该菜单项时通常会出现一个下拉菜单。例如，在"计算机"窗口选择并单击"编辑"菜单项就会出现如图2-13所示的下拉菜单，在下拉菜单中用户可以选择需要的菜单命令。

Windows菜单命令有多种不同的显示形式，不同的显示形式

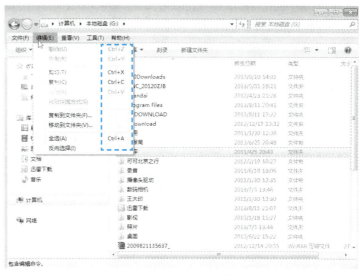

图2-13 "编辑"下拉菜单

代表不同的含义。在菜单中有以下一些规定。

1．带有组合键的菜单命令

菜单栏上带有下画线字母，又称为热键，表示在键盘上按Alt键和该字母键可以打开该菜单。如"编辑"菜单，用户可以直接按Alt+E组合键打开"编辑"菜单。

有些菜单命令的右侧列出了与其对应的组合键，组合键以Ctrl+字母来表示，用户可以直接使用该组合键执行菜单命令，如图2-13所示。

2．带有右箭头的菜单命令

如果在某一菜单命令的后面有一个指向右方的黑三角 ▶，表明在该菜单命令后面还有子菜单，当用户指向该菜单命令时就会出现子菜单。例如，在"查看"菜单中的"排序方式"菜单项包含下一级菜单，如图2-14所示。

图2-14 "查看"下拉菜单

3．带有选中标记的菜单命令

如果在菜单命令的前面有一个复选标记✔或者一个单选标记●，表明该菜单命令正处于有效状态。菜单命令中的复选标记表示用户可以同时选择多个这种形式的菜单，单选标记表示用户在菜单中只能选择一个这种形式的菜单命令。

4．带有省略号的菜单命令

如果在菜单命令的后面有3个小圆点，表明单击此菜单命令后将会打开对话框。

5．带有灰色显示的菜单命令

如果用户看到某些菜单命令的颜色变为浅灰色，表明该菜单命令现在不能使用。

动手做2　使用快捷菜单

快捷菜单是在右击后出现的菜单内容，因为其菜单中的选项都与右击时鼠标指针指向的对象有关，所以称此菜单为快捷菜单。例如，在桌面上右击，在弹出的快捷菜单中，所有命令都是与屏幕有关的命令，如图2-15所示。

图2-15 "桌面"快捷菜单

项目任务2-7 运行应用程序

探索时间

小王想运行注册表，但是他在"开始"菜单中找不到相关命令，在桌面上也找不到快捷图标，他该如何做才能运行注册表？

动手做1 在"开始"菜单中启动

一般情况下用户所做的工作需要运行专门的程序。例如，用户需要编辑一篇文档，此时用户可以启动文字处理软件Word 2010。

通常情况下，当用户需要应用某个应用程序时需要把它安装在计算机上。安装后的程序都会出现在"开始"菜单中，所以用户在"开始"菜单中找到它的位置即可将它启动。

例如，在"开始"菜单中启动Word 2010，具体方法如下。

Step 01 单击"开始"按钮，在"开始"菜单中将鼠标指向"所有程序"，打开"所有程序"菜单。

Step 02 在菜单中列出了程序项，里面包含了大部分已安装的软件和应用程序的快捷方式，这里单击Microsoft Office。

Step 03 在Microsoft Office的程序列表找到Microsoft Office Word 2010，如图2-16所示。

Step 04 单击Microsoft Office Word 2010，即可启动程序。

图2-16 在"开始"菜单中运行程序

提示

对于经常使用的应用程序在"开始"菜单的动态程序列表中会显示它的图标，用户直接单击它即可启动程序。

动手做2　使用桌面图标启动

有一些应用程序在安装时会自动在桌面生成一个该程序的快捷方式，使用鼠标直接双击快捷方式也可启动相应的程序。

并不是所有的应用程序在安装时都会在桌面出现快捷方式，对于一些常用的程序用户可以在桌面添加它的快捷方式，以方便程序的启动。例如，要创建应用程序Word 2010的桌面快捷方式，具体方法如下。

Step 01　在"开始"菜单的"所有程序"菜单中找到"Microsoft Office Word 2010"程序项。

Step 02　在该程序上右击，弹出一个快捷菜单，如图2-17所示。

Step 03　在快捷菜单中选择"发送到"子菜单中的"桌面快捷方式"命令，即可在桌面上创建一个Microsoft Office Word 2010的快捷方式图标。

图2-17　创建桌面快捷方式

动手做3　使用"运行"命令

在Windows环境下有一些特殊的程序，不存在于"开始"菜单中，使用常规的方法不能将它们启动。例如，运行注册表，此时可以使用运行命令来启动这些特殊的程序，具体操作方法如下。

Step 01　在"开始"菜单中选择"运行"命令，打开"运行"对话框，如图2-18所示。

Step 02　在"打开"输入框中输入程序文件的路径和名字，也包括扩展名，这里输入"regedit"。

Step 03　单击"确定"按钮，即可启动程序。

图2-18　"运行"对话框

提示

如果不能确切知道程序文件的细节，也可以单击"浏览"按钮，在出现的对话框中选择要运行的程序。

巩固练习

把"开始"菜单中的某个常用程序创建桌面快捷方式。

项目任务2-8 获取帮助

探索时间

在使用Windows 7提供的帮助时如果不知道帮助主题的具体位置,可以采用哪种方法来寻求帮助?

动手做1 启动Windows 7帮助系统

为了使用户能够很方便地掌握Windows 7的强大功能,Windows 7提供了简明易用、功能强大的帮助和支持系统。在使用Windows 7的过程中遇到了难以解决的问题,可以向它求助,因此,掌握帮助系统的使用方法是十分必要和有益的。

在"开始"菜单中单击"帮助和支持"命令,即可打开"帮助和支持"窗口,如图2-19所示。

动手做2 使用帮助主题

在"帮助"窗口中用户可以使用帮助主题来寻求帮助,在"帮助和支持"窗口的主页中单击"浏览帮助主题"按钮,打开"目录"列表,如图2-20所示。在"目录"列表中单击某一目录,如单击"维护和性能"目录,则打开"维护和性能"目录下的帮助主题,如图2-21所示。在帮助主题列表中单击需要查看的主题即可进入主题信息页面进行查看。

图2-19 Windows 7 的"帮助和支持"窗口

动手做3 直接搜索特定的帮助内容

通过帮助目录虽然可以按照窗口中显示的内容进行查看,但是使用不够灵活,而且对于查找特定的帮助内容很不方便。这时,可以直接在"帮助"窗口输入要查看的内容的关键字而直接获得所需的内容。具体操作步骤如下。

Step 01 在"帮助"窗口上方的"搜索帮助"文本框中输入要搜索内容的关键字,如桌面。

Step 02 单击右侧的"🔍"按钮,即可搜索到包括关键字的结果,如图2-22所示。

Step 03 单击搜索结果中想要查看的主题,如单击"添加和删除桌面图标"目录,即可在进入的详细信息界面中查看相应的帮助内容,如图2-23所示。

Windows 7基础与应用

图2-20　帮助目录

图2-21　具体目录下的帮助信息

图2-22　搜索的帮助结果

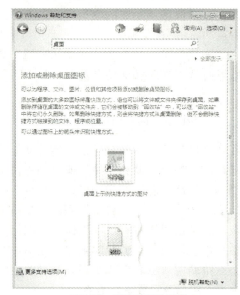

图2-23　详细的帮助信息

巩固练习

使用帮助系统查找如何更改桌面背景。

知识拓展——查看计算机系统基本信息

查看当前计算机系统基本信息，包括计算机安装的操作系统版本、硬件基本配置情况的方法如下。

（1）在"计算机"图标上右击，在打开的快捷菜单中选择"属性"命令，打开"系统"窗口，如图2-24所示。

（2）在对话框的"Windows 版本"区域可以查看操作系统及版本。

（3）在"系统"区域可以查看计算机的基本硬件信息，如计算机CPU的基本型号和计算机内存容量的大小。

（4）在"计算机名称、域和工作组设置"区域可以查看计算机的名、工作组等基本信息。

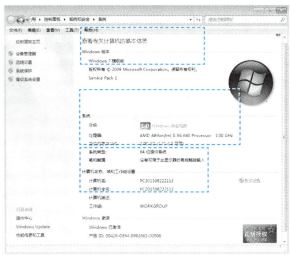

图2-24 "系统"窗口

项目任务2-9 注销用户

探索时间

小王的Windows 7系统中有两个用户账户，他应怎样操作可以在不重新启动计算机的情况下从一个账户登录到另外一个账户？

Windows 7是一个支持多用户的操作系统，它允许多个用户登录到计算机系统中。每个用户都可以对系统进行自己的个性化设置，并且不同的用户之间互相不影响。

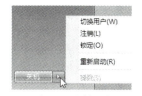

图2-25 注销用户

为了方便不同的用户快速登录计算机，Windows 7提供了注销功能。使用注销功能，可以使用户在不重新启动计算机的情况下实现多用户快速登录，这种登录方式不但方便快捷，而且减少了对硬件的损耗，可以延长计算机的使用寿命。

注销已登录用户的具体方法如下。

Step 01 在"开始"菜单中单击"关机"右侧的箭头，打开一个菜单列表，如图2-25所示。

Step 02 单击"注销"按钮，系统保存设置并关闭当前登录用户，此时用户可以用新的账户登录。

Step 03 单击"切换用户"按钮，当前用户不关闭，此时用户可以切换到另外一个账户的环境下。

项目任务2-10 退出系统

探索时间

在计算机上的操作完毕后，小张按下主机箱上的电源开关来关闭计算机，他关闭计算机

Windows 7基础与应用

的方法是否正确？如果不正确应该如何关闭计算机？

当用户在计算机上的操作完毕后，可以正确地将它关闭。在"开始"菜单中选择"关机"命令，系统将停止运行，保存当前的设置并自动关闭电源。

教你一招

在计算机操作过程中，有时发生错误，出现计算机运行速度过慢等现象，这时可以选择重新启动计算机。在"开始"菜单中单击"关机"右侧的箭头，打开一个菜单列表，在列表中选择"重新启动"命令，即可重新启动计算机。

巩固练习

1. 重新启动计算机。
2. 注销当前用户使用其他账户登录。

知识拓展——强制关机

在计算机的操作过程中，计算机有时对键盘和鼠标操作都无反应，这种现象称为死机，这时关闭计算机需要强行关闭，方法是按住主机电源开关5s左右，然后松开主机电源。

课后练习与指导

一、选择题

1. 调出快捷菜单是使用鼠标的哪种操作？（　　）
   A．拖动　　　　B．单击　　　　C．双击　　　　D．右击
2. 打开文件或文件夹是使用鼠标的哪种操作？（　　）
   A．拖动　　　　B．单击　　　　C．双击　　　　D．右击
3. 按键盘上的（　　）组合键，在屏幕的中央会显示一个任务列表框。
   A．Alt+Tab　　　B．Alt+Shift　　C．Alt+Ctrl　　　D．Alt+Delete
4. 如果在菜单命令的前面有一个对号✔或者一个小黑点●，表明该菜单命令（　　）。
   A．正处于有效状态　　　　　　　B．现在不能使用
   C．单击此菜单命令后将会打开对话框　D．表明在该菜单命令后面还有子菜单
5. 运行应用程序的方法主要有下面哪几种（　　）。
   A．使用"运行"命令　　　　　　B．在"开始"菜单中启动
   C．双击桌面快捷方式　　　　　　D．双击应用程序创建的文档
6. 下面哪种是对话框中的类别（　　）。
   A．下拉列表框　B．选项卡　　　C．单选按钮　　　D．标题栏
7. 下面是打开"计算机"窗口操作的是（　　）。
   A．在桌面上单击"计算机"图标
   B．在桌面上双击"计算机"图标
   C．在桌面上右击"计算机"图标
   D．在桌面上用鼠标右键双击"计算机"图标

8. 在Windows 7的窗口中，某些菜单命令的颜色显示为浅灰色，它表示（　　）。
   A．该菜单被使用过　　　　　　　　B．该菜单正在被使用
   C．该菜单选项被删除　　　　　　　D．该菜单当前不能被使用
9. 在桌面上要移动Windows窗口，可以使用鼠标拖动窗口的（　　）。
   A．边框　　　　B．滚动条　　　　C．控制菜单　　　　D．标题栏
10. 在Windows 7中随时能得到帮助信息的快捷键是（　　）。
    A．Windows+U　B．Windows+R　C．Windows+D　　D．Windows+F1

二、填空题

1. 在首次启动Windows 7后，发现整个桌面上只有_____一个快捷方式。
2. 如果在某一菜单命令的后面有一个指向右方的黑三角 ▶，表明在该菜单命令后面还有_____；如果在菜单命令的后面有3个小圆点，表明单击此菜单命令后将会_____。
3. 单击"开始"按钮或者按下键盘上的_____键，均会打开"开始"菜单。
4. 快捷菜单中的选项与右击时鼠标指针指向的_____有关。
5. "开始"菜单由_____、_____、_____、_____、_____及_____6部分组成。
6. 鼠标的基本操作共有5种：_____、_____、_____、_____和_____。
7. 对话框可以移动，但是不能改变大小。对话框标题栏的右上角有两个按钮：一个是_____；另一个是_____。
8. 在"开始"菜单中单击_____命令，或按下_____组合键都可打开帮助和支持窗口。

三、简答题

1. 最常用的启动应用程序的方法是什么？
2. "计算机"窗口主要由哪几部分组成？
3. 任务栏一般由几部分组成？
4. 改变窗口的大小有哪些方法？
5. 鼠标有哪几种操作方法？
6. "开始"菜单有哪几部分？
7. 注销计算机用户和切换计算机用户有何不同？

四、实践题

练习1：使用Windows 7自带的帮助功能查找桌面概述。

练习2：使用百度（http://www.baidu.com）搜索一下鼠标的基本操作方法。

练习3：在"计算机"窗口中，观察"查看"菜单中哪些命令能打开对话框，哪些命令中含有下一级菜单。

练习4：打开"计算机"窗口，完成改变窗口大小、移动窗口、最大化窗口、最小化窗口、关闭窗口等操作。

模块 03 文件资源的管理

你知道吗？

在计算机系统中计算机的信息是以文件的形式保存的，用户所做的工作都是围绕文件展开的。这些文件包括操作系统文件、应用程序文件、文本文件等，它们根据自己的分类存储在磁盘上不同的文件夹中。因此，在使用计算机时如何对这些类型繁多、数目巨大的文件和文件夹进行管理是非常重要的。

学习目标

- 认识文件与文件夹
- 资源管理器的使用
- 文件与文件夹的管理
- 设置文件和文件夹选项
- 浏览文件与文件夹
- 查找文件
- 管理回收站
- 库的使用

项目任务3-1 认识文件与文件夹

探索时间

在桌面上双击"计算机"图标打开"计算机"窗口，在"硬盘"区域会发现类似"本地磁盘（C：）"的一些图标，这些图标代表了什么？

动手做1 认识文件

文件是计算机存储数据、程序或文字资料的基本单位，是一组相关信息的集合。文件在计算机中采用"文件名"来进行识别。

文件名一般由文件名称和扩展名两部分组成，这两部分由一个英文半角句号作为分隔符隔开。在Windows图形方式的操作系统下，文件名称由1～255个字符组成（支持长文件名），而扩展名由1～3个字符组成。

通常，文件名可以由用户来命名，扩展名则是由创建文件的程序自动创建的。例如，Word创建的文件扩展名为doc，记事本程序生成的文件扩展名为txt。例如，一首音乐的完整名称为"月光下的凤尾竹.mp3",其中的"月光下的凤尾竹"就是文件名,"mp3"则是扩展名。

文件名用于标识文件,如"2012年工作计划.doc"这个文件名就表示这是一个关于2012年工作计划的文件。在文件名中禁止使用一些特殊字符如表3-1所示,如果在文件名中使用了这些特殊符号将会使系统不能正确辨别文件而导致错误。

表3-1 在文件名中不能使用的特殊符号

点（.）	引号（"、'）
斜线（\、/）	冒号（:）
反斜杠（\）	逗号（,）
垂直线（|）	星号（*）
等号（=）	分号（;）

扩展名用于对文件进行分类,通常我们识别一个文件都是通过扩展名来完成的,如看到"2012年工作计划.doc"这个文件时,就可以说"这是个doc文件或Word文件",表3-2所示为Windows 7中常见的扩展名对应的文件类型。

表3-2 常见的扩展名对应的文件类型

扩 展 名	文 件 类 型	扩 展 名	文 件 类 型
exe	可执行文件	bmp	位图文件
bat	批处理文件	hlp	帮助文件
sys	系统文件	inf	安装信息文件
txt	文本文件	xls	Excel电子表格文件
mdb	Access数据库文件	ppt	PowerPoint幻灯片文件
avi	视频文件	html	HTML文件
doc	Word文档	wav	声音文件

从大的方面来说,文件可以分为两种:程序文件和非程序文件。当用户选中程序文件,双击或按Enter键后,计算机就会打开程序文件,而打开程序文件的方式就是运行它。当用户选中非程序文件,双击或按Enter键后,计算机也会试图打开它,而这个打开方式就是用特定的程序去打开它。用什么特定程序来打开,则决定于这个文件的类型。

动手做2　认识文件夹

如果在办公桌上放置数以千计的纸质文件,在需要查看某个特定文件时,这种查找的工作会让人崩溃——这就是人们时常把纸质文件存储在文件柜中的文件夹中的原因。按照平时处理公文的习惯,我们一般会把相关的公文集中存放在同一个文件夹中,并把文件夹及文件进行编号和标注名称处理,便于日后查找。在Windows 7中,文件夹的作用也是如此。

计算机文件夹是用来协助人们管理计算机文件的,每一个文件夹对应一块磁盘空间,它提供了指向对应空间的地址,它没有扩展名,也就不像文件那样格式用扩展名来标识。在Windows 7中常见的文件夹用图标"　"来表示。

从结构层次上来说,文件夹又可以分为根文件夹和子文件夹。从根文件夹中建立的文件夹称为子文件夹,子文件夹中也可以再包含下一级子文件夹。如果在结构上加了许多子文件夹,它便成为一个倒过来的树的形状,这种结构称为目录树,也称为多级文件夹结构。而分区通常称为"根目录",如在C盘分区就称为"C盘根目录下",文件可以建立在该多级文件夹结构的任何地方。

文件夹和子文件夹这个关系比较容易理解，除了根目录外，所有的文件夹都可以称为文件夹，也可以称为子文件夹。这里的"文件夹"是一个相对独立的称呼，而"子文件夹"则是相对上一级文件夹的称呼。例如，C盘中有个"课件"文件夹，"课件"文件夹中又有个"语文课件"文件夹，一般情况下我们说"课件文件夹"、"语文课件文件夹"，也可以说"课件子文件夹"，这是因为相对于C盘根目录来说，"课件"就是一个子文件夹。

在任一级的文件夹中都可以有子文件夹和文件。文件在同一个文件夹中不能与另一个文件重名，子文件夹也是如此。但在同一个文件夹中，文件可以与子文件夹重名，因为两者的类型不同。

提示

在操作文件夹时用户还需要注意"系统文件夹"，"系统文件夹"可以简单地理解为"存储了Windows 7操作系统本身文件的文件夹"（如C:\Windows等）。这样的文件夹一般只能看看，不能对里面的任何文件、文件夹进行删除操作，否则很容易导致系统因文件受损而崩溃，使计算机无法正常使用。

▶ 动手做3　了解驱动器

在所有的微型计算机上，磁盘是通过相对应的通道或"驱动器"进行存取的。在用户的计算机范围内，驱动器由字母和后续的冒号来标定。一般情况下，第一个驱动器和第二个驱动器都是软盘驱动器，分别用"A："和"B："表示。主硬盘通常称为"C："驱动器。

如果用户有多个硬盘分区，每个驱动器的编号由其固有的编号顺序给出，从而使它可以像一个单独的驱动器那样被访问。

一般情况下，内存驱动器应由物理驱动器之后的第一个字母给出，如H。图3-1显示了磁盘驱动器的情况。

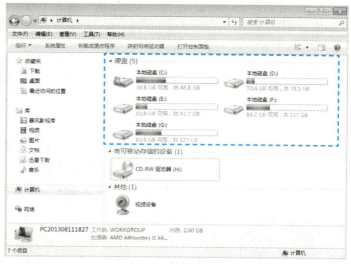

图3-1　磁盘驱动器

▶ 动手做4　了解路径的含义

路径代表了文件或文件夹在计算机硬盘中存储的具体位置。一个文件或文件夹的完整路径应该写为"驱动器名\文件夹名\文件名"。例如，保存在C盘分区上的Windows文件夹中的regedit.exe文件，其路径可写为"C:\Windows\regedit.exe"。

巩固练习

1．查看一下你的计算机上有几个磁盘驱动器。
2．查看一下C盘中有哪几种类型的文件。

项目任务3-2 资源管理器的使用

探索时间

Windows 7中的资源管理器主要用来管理计算机中的哪些资源？

动手做1　启动资源管理器

与Windows XP不同，Windows 7将"计算机"窗口和资源管理器整合到了一起，在桌面双击"计算机"图标或者在"开始"菜单上右击，然后选择"打开Windows资源管理器"命令都可启动资源管理器。

Windows 7资源管理器在窗口左侧的"导航窗格"，将计算机资源分为收藏夹、库、计算机和网络等几类。这可更加方便用户更好更快地组织、管理及应用资源。资源管理器如图3-2所示。

图3-2　资源管理器

提示

在桌面上双击"计算机"图标打开的资源管理器默认显示计算机中的资源，在"开始"菜单上右击选择"打开Windows资源管理器"命令打开的资源管理器默认显示库中的资源。

动手做2　设置资源管理器界面

在Windows 7中用户可以根据个人使用需要改变资源管理器的界面显示方式，具体操作步骤如下。

Step 01 在"计算机"窗口中单击工具栏的"组织"按钮，在打开的"组织"菜单中选择"布局"命令，如图3-3所示。

Step 02 在"布局"子菜单中，可以选择在"资源管理器"窗口中显示或隐藏的部分。例如，这里选择全部的选项，如图3-3所示。

Windows 7基础与应用

Step 03 在"资源管理器"窗口中选中某一个文件,则会在右侧显示出预览效果,在底部则会显示出选中文件的基本信息,如图3-4所示。

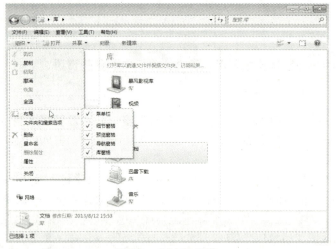

图3-3 "布局"菜单

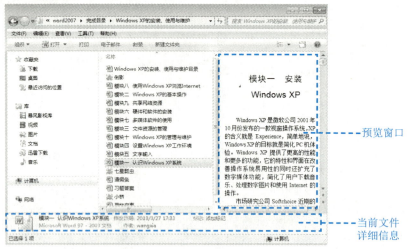

图3-4 重新布局的资源管理器窗口

动手做3 使用资源管理器

Windows 7资源管理器更利于用户使用,特别是在查看和切换文件夹时。查看文件夹时,上方目录处会根据目录级别依次显示,中间还有向右的小箭头。

当用户单击其中某个小箭头时,该箭头会变为向下,且显示该目录下所有文件夹名称。单击其中任一文件夹,即可快速切换至该文件夹访问页面,非常方便用户快速切换目录,如图3-5所示。

此外,当用户单击文件夹地址栏处时,可以显示该文件夹所在的本地目录地址,就像Windows XP中文件夹目录地址一样。

在资源管理器中用户还可以利用左侧的导航窗格对文件夹进行折叠和打开操作,利用这些操作可以方便地观察整个文件夹树。

图3-5　显示或切换目录

折叠就是对于一个具有二级以上的文件夹，当不需要观察它的全部结构时将它一级以下的文件夹隐藏起来，使它们不再显示在窗口中，以方便用户观察到更多的文件夹结构。文件夹的打开与折叠相反，目的是为了让用户能够更好地观察一个文件夹的结构，从而对文件夹中包含的文件夹有个总体了解。

在资源管理器左侧的导航窗格中，某些文件夹左端有一个标志▷，它表示该文件夹中含子文件夹。单击对应的 ▷ 标志则显示其中的子文件夹，同时 ▷ 变为 ◢。◢ 标志表示文件夹是打开的，单击它可以将文件夹折叠，同时 ◢ 变为 ▷，如图3-6所示。

图3-6　折叠、展开文件夹

动手做4　查看最近访问位置

在Windows 7资源管理器的收藏夹栏中，增加了"最近访问的位置"，方便用户快速查看最近访问的位置目录，这类似于菜单栏中"最近使用的项目"功能，不过"最近访问的位置"只显示位置和目录。

在查看最近访问位置时，可以查看访问位置的名称、修改日期、类型及大小等，一目了然，如图3-7所示。

Windows 7基础与应用

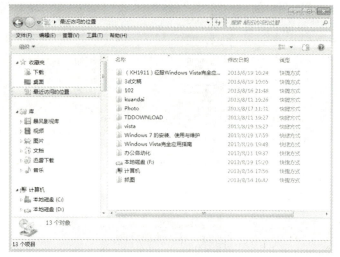

图3-7 最近访问的位置

巩固练习

设置资源管理器的窗口只显示菜单栏。

项目任务3-3 文件与文件夹的管理

探索时间

公司职员小王的计算机C盘中有几个重要的商业文件，为了确保这些文件的安全性，小王应该如何来管理这些文件？

分析：由于C盘中装有系统文件，最容易被病毒感染，因此一些重要的文件最好不要放在C盘中。小王可以在其他驱动器上建立一个新的文件夹，然后将商业文件移动到新建的文件夹中并设置新建文件夹的属性为隐藏。

动手做1 创建文件夹

有些文件夹是在安装程序时自动创建的。例如，在安装Office 2007中文版时，安装程序在磁盘驱动器上建立一个文件夹，并将Office 2007中文版文件放在该文件夹中。

为了将文件按照类或一定的关系组织起来，用户可根据需要自己创建新的文件夹，然后将同一类别的文件放到一个文件夹中，这样可以使自己的文件系统更加有条理。用户可以在文件夹树中的任意位置创建文件夹。

例如，在D盘中创建一个"商业文件"新文件夹的具体步骤如下。

Step 01 双击桌面上"计算机"图标，打开"计算机"窗口。在"计算机"窗口打开要在其中创建新文件夹的文件夹，如这里双击"D盘"图标打开D盘。

Step 02 在空白处右击，在弹出的菜单中选择"新建"命令，在子菜单中选择"文件夹"命令，或者单击工具栏上的"新建文件夹"按钮，这时在窗口中会出现一个新的文件夹并标有"新建文件夹"字样，如图3-8所示。

模块 03 文件资源的管理

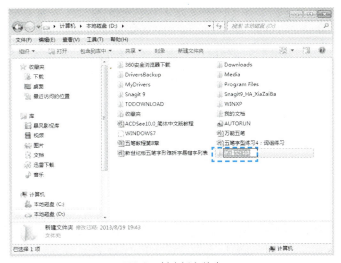

图3-8 创建新文件夹

Step 03 用户可以输入新文件夹的名字,如输入"商业文件"然后按Enter键或在空白处单击,如图3-9所示。

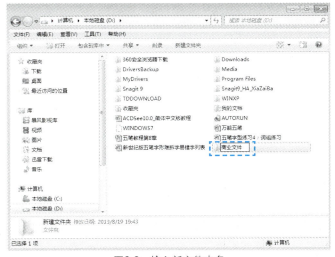

图3-9 输入新文件夹名

提示

如果在创建新文件夹的位置存在名字为"新建文件夹"的文件夹,则新建文件夹默认的名称为"新建文件夹(1)"以此类推。

动手做2 选定文件或文件夹

用户在操作文件与文件夹时,首先要选定该文件,Windows系统提供了多种选定文件与文件夹的方法。

如果要选择单个文件或文件夹,直接单击目标文件或文件夹即可,被选中的文件或文件夹以高亮显示。

39

Windows 7基础与应用

　　如果要选择连续的文件和文件夹，首先单击要选定的第一个文件或文件夹，在按住Shift键的同时单击要选定的最后一个文件或文件夹，则在这两个选择对象之间的文件或文件夹都被选中，并以高亮显示。用户也可以按住鼠标左键不放，然后拖动选中连续的文件或文件夹。

　　如果选中的文件不是连续文件，则可以借助Ctrl键来选择。例如，要在C盘中选中不连续的商业文件，基本方法如下。

Step 01 进入C盘首先按下Ctrl键。

Step 02 分别单击要选中的商业文件，即可选中不连续的文件，如图3-10所示。

图3-10　选中不连续的商业文件

教你一招

　　如果要选中全部文件，选择"编辑"菜单中的"全选"命令；也可以通过按Ctrl+A组合键来执行全部选定操作。

提示

如果要取消选定的文件，在屏幕的空白区域上任意地方单击，就可以看到选中文件的标志消失了。

动手做3　移动文件或文件夹

　　移动文件或文件夹就是将当前位置的文件或文件夹移到其他位置，在执行该操作后原位置的文件或文件夹将被删除。移动文件与文件夹的目的是将分散在不同文件夹下的同类文件组织到一起，使磁盘上的文件更加易于管理、方便操作。

　　例如，在"计算机"窗口中将C盘中的商业文件移到D盘的"商业文件"文件夹中，具体步骤如下。

Step 01 在"C盘"窗口中选中要移动的商业文件。

Step 02 选择"编辑"菜单中的"剪切"命令或按Ctrl+X组合键。

Step 03 在"计算机"窗口中进入到D盘，然后双击"商业文件"文件夹，打开该文件夹。

Step 04 选择"编辑"菜单中的"粘贴"命令或按Ctrl+V组合键，即可将选中的文件移到目标文件夹。

动手做4　复制文件或文件夹

复制文件或文件夹就是将当前位置的文件或文件夹做一个备份放到其他位置，在执行该操作后原位置的文件或文件夹还将存在。

在"计算机"窗口中用户可以使用"复制"命令来复制选定的文件，具体步骤如下。

Step 01　在"计算机"窗口中选中要复制的一个或一组文件。

Step 02　选择"编辑"菜单中的"复制"命令或按Ctrl+C组合键。

Step 03　在"计算机"窗口中进入到要复制的目标文件夹，选择"编辑"菜单中的"粘贴"命令或按Ctrl+V组合键。

如果复制的文件或文件夹比较大，则会显示出如图3-11所示的对话框，单击"取消"按钮可以取消复制的操作。

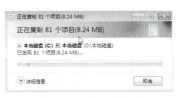

图3-11　正在复制文件

> **提示**
>
> 复制文件时如果在目标位置存在与复制的文件重名的文件，系统将会显示出如图3-12所示的消息询问框。如果要替换文件，可以单击"是"按钮；如果不想替换文件，可以单击"否"按钮。

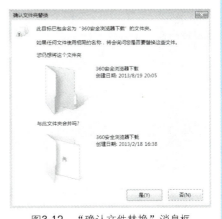

图3-12　"确认文件替换"消息框

动手做5　发送文件或文件夹

使用"发送"命令可以将文件或文件夹快速地复制到"桌面快捷方式"或者"U盘"。例如，要把某一个文件快速复制到U盘，具体操作步骤如下。

Step 01　在要发送的文件或文件夹上右击，在快捷菜单中选择"发送到"命令，打开一个子菜单，如图3-13所示。

Step 02　在子菜单中选择要发送到的U盘即可。

图3-13　"发送到"子菜单

> **提示**
>
> 发送操作其实也是一种复制操作，发送结束后源文件或文件夹保留不变。

Windows 7基础与应用

动手做6　重命名文件与文件夹

文件或文件夹重命名是合理管理文件的有效手段之一，例如，用户要移动一个文件，在目标文件夹中存在一个同名文件并且又不能将它覆盖，此时，用户可以先将文件重命名，然后进行移动的操作。

重命名文件或文件夹的具体步骤如下。

Step 01 选中要重命名的文件或文件夹。

Step 02 选择"文件"菜单中的"重命名"命令，或者在选中的文件或文件夹上右击，在出现的快捷菜单中选择"重命名"命令，此时可以看到被选中的文件或文件夹的名字呈高亮显示，如图3-14所示。

Step 03 输入一个新的名称，按Enter键完成操作。

图3-14　重命名文件

注意

如果文件正被使用，则系统不允许对文件进行重命名；一般情况下，不要对系统文件或重要的安装文件进行移动、重命名操作，以免系统运行不正常或程序被破坏。

动手做7　删除文件与文件夹

在管理文件或文件夹时为了节省磁盘空间，用户可以将不再使用的文件或文件夹删除。删除文件或文件夹的具体步骤如下。

Step 01 选定要删除的一个或一组文件。

Step 02 选择"文件"菜单中的"删除"命令或直接按键盘上的Delete键，出现"确认文件删除"的消息询问框，如图3-15所示。

Step 03 如果要删除则单击"是"按钮，如果不打算删除则单击"否"按钮，取消操作。

图3-15　"确认文件删除"消息框

注意

不要随意删除系统文件或其他重要程序中的主文件，一旦删除了这些重要文件可能导致程序无法运行或系统出故障。另外在Windows 7中安装的应用程序、游戏等组件，如果需要删除，不要直接删除其中的文件或文件夹，应该使用应用程序的"卸载"功能或通过控制面板中的"添加或删除应用程序"进行删除操作。

提示
在Windows 7中的这种删除并不是将删除的文件真正删除，只是将它们放到了回收站中。

动手做8　设置文件属性

在Windows 7环境下文件具有两种基本属性：只读和隐藏。

例如，设置D盘的"商业文件"文件夹为隐藏，具体步骤如下。

Step 01 在D盘选定要改变属性的文件夹"商业文件"。

Step 02 选择"文件"菜单中的"属性"命令，或在该文件夹上右击，在快捷菜单中选择"属性"命令，出现如图3-16所示的对话框。

Step 03 在对话框的"属性"区域选中"隐藏"复选框。

Step 04 单击"确定"按钮，则"商业文件"文件夹被隐藏，在"D盘"窗口中将看不到该文件夹。

图3-16　设置文件的属性

提示
只读是指对文件只允许读，不允许改变，如果要保护文件可以将文件设置为该属性；隐藏是指将文件隐藏起来，这样在一般的文件操作中就不会显示这些文件的信息。

动手做9　为文件建立桌面快捷方式

从前面的介绍中可以知道，双击桌面上的图标可以快速启动程序或打开文件。对于一些经常打开的文件，用户可以在桌面上建立它们的快捷方式图标，以方便文件的打开。为文件建立桌面快捷方式的具体方法如下。

Step 01 选定要建立桌面快捷方式的文件。

Step 02 右击，出现一个快捷菜单。选择"发送到"子菜单中的"桌面快捷方式"命令。

Step 03 切换到桌面，就可以看到在桌面上创建了一个新的图标。

桌面上的快捷方式是一个图标，并在图标的左下角有一个箭头，如图3-17所示。双击快捷方式图标，可以启动对应的应用程序或打开文件夹等窗口。

在删除了某项目的快捷方式时，原项目不会被删除，它仍存放在计算机中原来的位置。

图3-17　桌面快捷方式

巩固练习

1. 练习使用不同的方法对文件夹进行复制。
2. 练习使用不同的方法对文件夹进行移动。
3. 对计算机中的某个文件夹进行重命名。
4. 练习一下将文件发送到U盘。

项目任务3-4 设置文件和文件夹选项

探索时间

1. 在小王的计算机中单击可以打开一个项目，这不同于其他计算机上的双击打开项目，这是如何设置的？

2. 由于工作需要，小王需要查看隐藏的商业文件，他应如何操作才能看到隐藏的文件？

动手做1 设置"常规"选项

设置文件夹常规选项的具体步骤如下。

Step 01 在"计算机"窗口选择"工具"菜单中的"文件夹选项"命令，出现"文件夹选项"对话框，在对话框中选择"常规"选项卡，如图3-18所示。

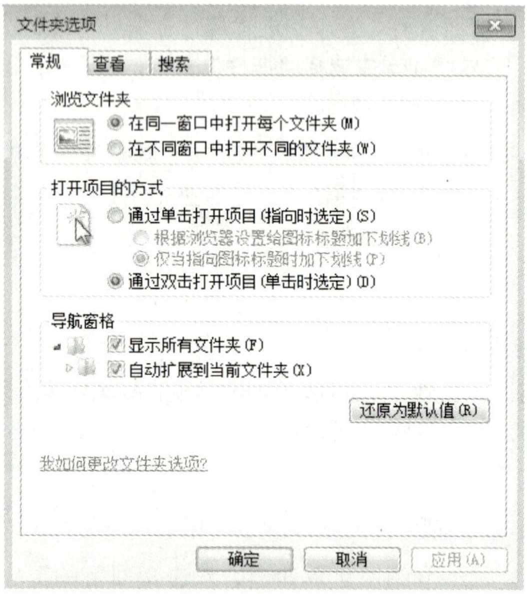

Step 02 在"浏览文件夹"选项区域，用户可以设置是在同一窗口还是不同窗口打开多个文件夹。

Step 03 在"打开项目的方式"选项区域，用户可以设置单击打开项目文件还是双击打开项目文件。

Step 04 在"导航窗格"选项区域，用户可以设置导航窗格中的显示方法。如果选中"显示所有文件夹"复选框，则在"导航窗格"中显示计算机中的所有文件夹。

Step 05 设置完毕，单击"确定"按钮。

图3-18 设置文件夹的常规选项

动手做2 设置"查看"选项

设置文件夹的"查看"选项就是设置文件夹的视图和一些高级设置，通过这些设置可以方便用户对整个计算机中的文件或文件夹的管理。

例如，设置查看隐藏的文件，并显示文件的扩展名，基本方法如下。

Step 01 在我的"计算机"窗口选择"工具"菜单中的"文件夹选项"命令，打开"文件夹选项"对话框，在对话框中选择"查看"选项卡，如图3-19所示。

Step 02 在"高级设置"列表中，选中"显示隐藏的文件、文件夹和驱动器"单选按钮，取消"隐藏已知文件类型的扩展名"复选框的选中状态。

Step 03 设置完毕，单击"确定"按钮。设置完毕后的效果如图3-20所示。

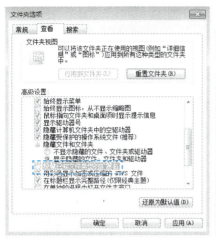

图3-19 设置"查看"选项

图3-20 设置显示隐藏文件的效果

巩固练习

1. 设置单击打开项目,然后查看当鼠标指向项目时有何变化。

2. 先将某个文件夹设置为隐藏属性,然后设置显示隐藏的文件夹,查看隐藏的文件夹和其他文件夹有何差别。

项目任务3-5 浏览文件与文件夹

探索时间

小王为了了解D盘中文件的大小、创建时间、文件类型等详细信息,他应采用哪种方式查看D盘中的文件和文件夹?

动手做1 排序文件和文件夹

在"计算机"窗口中用户可以将文件和文件夹以一定的规律进行排序,这样,可以很容易地查看属于同一类型的文件和文件夹,排序文件和文件夹的具体操作步骤如下。

Step 01 在"计算机"窗口中选择"查看"菜单中的"排序方式"命令,出现一个子菜单,如图3-21所示。

Step 02 在子菜单中选择一种排序方式,如这里选择"修改日期"和"递增",则排序文件和文件夹的效果如图3-22所示。

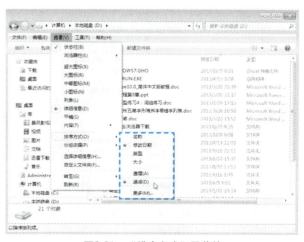

图3-21 "排序方式"子菜单

Windows 7基础与应用

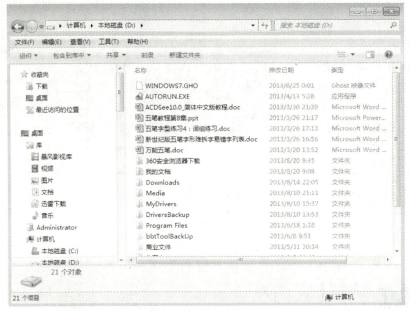

图3-22 排序效果

Step 03 如果觉得系统默认给出的排序标题不够详细,可以在"排序"子菜单中选择"更多"命令,打开"选择详细信息"对话框,如图3-23所示。在对话框的"详细信息"列表中可以选中要显示的排序命令,单击"确定"按钮,即可在"排序"子菜单中显示出该命令。

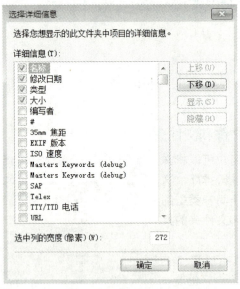

图3-23 "选择详细信息"对话框

动手做2 分组文件和文件夹

在"计算机"窗口中用户可以将文件和文件夹以不同的类型进行分组,这样,在查看文件和文件夹时,显得更加清晰、一目了然。设置分组方式的具体操作步骤如下。

Step 01 在"计算机"窗口中选择"查看"菜单中的"分组依据"命令,出现一个子菜单,如图3-24所示。

Step 02 在子菜单中选择一种分组方式，如这里选择"类型"和"递增"，则分组文件和文件夹的效果如图3-25所示。

图3-24 "分组依据"子菜单

图3-25 分组效果

动手做3　选择文件的查看方式

打开文件夹查看其中的文件时，用户可以按自己的需要来改变文件和文件夹的查看方式，使用不同的查看方式可以收到不同的效果。

在"计算机"窗口中单击工具栏上的"更改您的视图"按钮右侧的下三角箭头，出现一个下拉菜单，如图3-26所示。

在菜单中列出了Windows 7提供的8种查看方式：超大图标、大图标、中等图标、小图标、列表、详细信息、平铺和内容，Windows 7默认的是列表方式查看文件。

"详细信息"查看方式是详细列出每一个文件和文件夹的具体信息，包括大小、修改日期和文件类型。"图标"查看方式则是以图标的形式显示文件和文件夹，"平铺"和"列表"两种查看方式，则是按行和列的顺序放置文件和文件夹。

Windows 7基础与应用

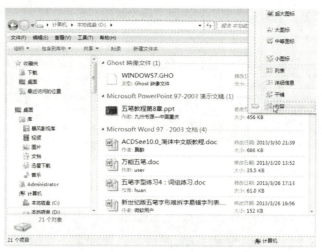

图3-26 选择文件和文件夹的查看方式

"内容"查看方式则会显示文件或文件夹的一些基本信息,如图3-27所示。

图3-27 "内容"查看文件和文件夹方式

巩固练习

1. 尝试设置桌面上图标的排序方式。
2. 设置以大图标和小图标的方式查看文件和文件夹,然后观察一下效果。
3. 设置以内容的方式查看文件和文件夹,然后观察一下效果。
4. 设置以平铺和列表两种查看方式查看文件和文件夹,然后观察一下效果。

项目任务3-6 查找文件

探索时间

小王前一段时间从网上下载了一个万能五笔的安装程序,现在他只记得把下载的文件存在了D盘，具体的位置和文件的名字记不清楚了，他应该如何操作才能将这个文件找到？

计算机使用的时间一长，积累的各种文件就很多。查找文件时如记不清存放在哪个磁盘，甚至文件名也记不全，那么可以使用Windows 7提供的"搜索"功能来帮忙。

在查找文件时如果用户知道文件名，可以使用文件名来查找，如果记不清楚文件名，可以使用部分文件名或文件中的一个字或词组来查找。

例如，小王下载了一个万能五笔的安装程序存放到了D盘，时间久了他记不清楚下载的文件名，但因为万能五笔安装程序是安装文件，它的后缀是.exe，因此，用户可以搜索在D盘驱动器中所有扩展名为.exe的文件，基本方法如下。

Step 01 打开"计算机"窗口，双击D盘图标进入D盘。

Step 02 在地址栏右侧的"搜索"框中输入想要搜索的文件或文件夹的名称，如这里输入.exe，Windows 7则自动开始搜索，并将查找的结果列出来如图3-28所示。

Step 03 在结果列表中寻找万能五笔安装文件。

Step 04 如果要保存搜索结果，在搜索结束后，单击工具栏上的"保存搜索"按钮，打开"另存为"对话框，利用"另存为"对话框用户可以保存搜索到的结果。

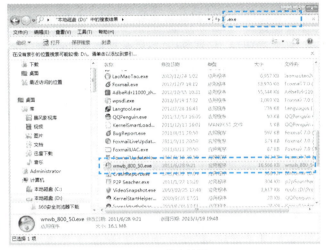

图3-28 搜索结果

教你一招

如果用户知道要查找文件的更多信息如文件中的修改时间和大小，可以利用筛选器来进行筛选，例如，这里知道万能五笔安装程序的下载时间是2011年6月，因此可以利用筛选器来进行筛选，输入".exe"后，在"搜索"框中单击，然后在下拉列表框中选择修改日期，则会打开"选择日期或日期范围"筛选器，用户可以对搜索文件的修改日期进行设置，如这里设置为2011年6月，则筛选结果如图3-29所示。

图3-29 设置筛选器

巩固练习

搜索一下计算机中文件名中含有Windows的文件或文件夹。

项目任务3-7 管理回收站

探索时间

小王在删除文件时不慎将"年终总结"文件删除了,他该如何做才能找到删除的文件?

动手做1 恢复文件或文件夹

Windows为每个分区或硬盘分配一个回收站,系统会把最近删除的文件放在回收站的顶端,如果删除的文件过多,回收站的空间不够大,当用完回收站的空间后,最先被删除的文件被永久删除。

放入回收站中的项目可以恢复到原来的位置,这样当用户在执行错误的删除后还有改正的机会,避免给自己的工作造成损伤。

例如,要恢复被删除的"年终总结"文件,具体步骤如下。

Step 01 在桌面上双击"回收站"图标,打开如图3-30所示的窗口。

Step 02 在窗口中选中要恢复的文件或文件夹,如这里选择"年终总结"。

Step 03 在工具栏上单击"还原此项目"按钮或者选择"文件"菜单中的"还原"命令,即可将被选中的文件或文件夹恢复到原来的位置上。

Step 04 进入"年终总结"文件原来位置的文件夹,即可找到被恢复的文件。

图3-30 "回收站"窗口

提示

从硬盘删除项目时Windows将该项目放到回收站中,从U盘或网络驱动器中删除的项目不能发送到回收站,而被永久删除。

动手做2 永久删除文件或文件夹

为了释放回收站的空间,便于回收站的管理,用户可以将一些确实无用的项目从回收站中删除,这样这些文件将永久被删除。永久删除文件或文件夹的具体步骤如下。

Step 01 在回收站中选中要被永久地删除的文件或文件夹。

Step 02 选择"文件"菜单中的"删除"命令或直接按Delete键,则选中文件被永久删除。

如果要把回收站中的所有项目都删除,可以在"回收站"窗口的工具栏上单击"清空回收站"选项,则回收站中的所有项目均被删除。

提示

在"计算机"窗口中,如果在执行删除操作命令的同时按住Shift键,则被删除的项目不会被放到回收站中而是被永久删除。

巩固练习

先将一个文件删除,然后在回收站中将其恢复到原来的位置上。

项目任务3-8 库的使用

探索时间

小王F盘里的Video 文件夹和G盘的TDownload文件夹中存放的是视频文件,小王想把在F盘里的Video 文件夹和G盘的TDownload列入视频库中,这样当他要看视频文件的时候,就不用管它在F 盘还是G 盘了,直接进入库就可以了。他该如何做才能将Video和TDownload文件夹列入到库中?

动手做1　　了解Windows 7的库

Windows 7引入库的概念并非传统意义上的用来存放用户文件的文件夹,它还具备了方便用户在计算机中快速查找到所需文件的作用。

在Windows XP时代,文件管理的主要形式是以用户的个人意愿,用文件夹的形式作为基础分类进行存放,然后按照文件类型进行细化。但随着文件数量和种类的增多,加上用户行为的不确定性,原有的文件管理方式往往会造成文件存储混乱、重复文件多等情况,已经无法满足用户的实际需求。而在Windows 7中,由于引进了"库",文件管理更方便,可以把本地或局域网中的文件添加到"库",把文件收藏起来。

简单地讲,文件库可以将我们需要的文件和文件夹统统集中到一起,就如同网页收藏夹一样,只要单击库中的链接,就能快速打开添加到库中的文件夹——而不管它们原来深藏在本地计算机或局域网当中的任何位置。另外,它们都会随着原始文件夹的变化而自动更新,并且可以以同名的形式存在于文件库中。

1．库跟普通文件夹的异同

我们可以看到库好像跟传统的文件夹比较相像。确实,从某个角度来讲,库跟文件夹确实有很多相似的地方。例如,跟文件夹一样,在库中也可以包含各种各样的子库与文件等。但是其本质上跟文件夹有很大的不同。在文件夹中保存的文件或者子文件夹,都是存储在同一个位置。而在库中存储的文件则可以来自于计算机中的不同位置,如可以来自于用户计算机上的关联文件或者来自于移动磁盘上的文件。这个差异虽然比较细小,但确是传统文件夹与库之间的最本质的差异。

其实库的管理方式更加接近于快捷方式。用户可以不用关心文件或者文件夹的具体存储位置。把它们都链接到一个库中进行管理。如此的话,在库中就可以看到用户所需要了解的全部文件(只要用户事先把这些文件或者文件夹加入到库中)。或者说,库中的对象就是各种文件夹与文件的一个快照,库中并不真正存储文件,只是提供一种更加快捷的管理方式。例如,用户有一些工作文档主要存于自己计算机上的D盘和移动硬盘中。为了以后工作的方便,用户可以将D盘与移动硬盘中的文件都放置到库中。在需要使用的时候，只要直接打开库即可（前提是移动硬盘已经连接到用户主机上了），而不需要再去定位到移动硬盘上。

2．库与实际的文件夹不能够等同

如现在把一个Win 7文件夹加入到库中，则在库中就会多一个子库称为Win 7。注意，在库中的子库Win 7与实际存储的文件夹Win 7不同。在子库Win 7上的一些操作，并不会影响到实际的Win 7文件夹。如可以在库中，把某些文件夹包含到库中。如我们可以把当前硬盘中存在的一些文件夹加入到这个Win 7库中。但是，虽然在子库Win 7库中把某些文件夹加入到这个库中，可是这对于实际存储的Win 7文件夹没有丝毫影响。也就是说，并不会因为用户把某个文件夹加入到Win 7库中，而把那个文件夹的内容也复制到Win 7文件夹中。可见，把某个文件夹加入到库中，虽然默认情况下其名字是相同的，但是两者不同。一个是实际存储的文件夹，一个是库的名字。

动手做2　启动库

在桌面上双击"计算机"图标，打开"计算机"窗口，在左侧的导航窗格中单击"库"选项，则打开"库"窗口，如图3-31所示。

动手做3　新建库

在Windows 7中，默认已经有一些库：视频、图片、文档、迅雷下载、音乐库等。用户还可以根据个人需要进行新建，新建库的具体步骤如下。

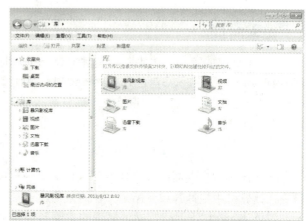

图3-31　Windows 7的库

Step 01 在"库"窗口中单击工具栏上的"新建库"按钮，则在窗口中新建一个库，如图3-32所示。

图3-32　新建库

Step 02 输入新建库的名字，如输入移动盘，在窗口的空白处单击，则在库中创建一个名为移动盘的库。

动手做4　将文件夹添加到库

将文件夹添加到库中的具体方法如下。

Step 01　在"库"窗口中想要添加文件夹的库中右击，如这里在视频库上右击，在打开的快捷菜单中选择"属性"命令，打开"视频属性"对话框，如图3-33所示。

Step 02　单击"包含文件夹"按钮，打开"将文件夹包括在'视频'中"对话框，如图3-34所示。

Step 03　在对话框中选择要包含的文件夹，如这里选择F盘里的Video文件夹，单击"包括文件夹"按钮，返回"视频属性"对话框。

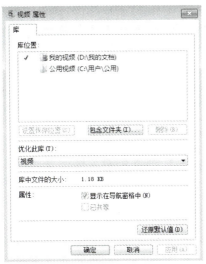
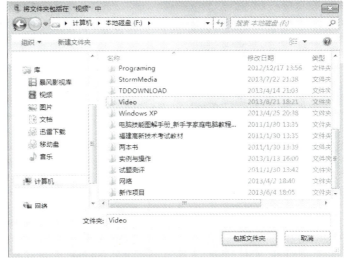

图3-33　"视频属性"对话框　　　　图3-34　"将文件夹包括在'视频'中"对话框

Step 04　按相同的方法将G盘的TDownload文件夹包括到视频库中，在"视频属性"对话框中单击"确定"按钮，则会出现一个更新库的进度窗口，更新完毕则用户选择的文件夹被添加到了视频库中。

教你一招

想要添加某个文件夹到指定库，则在这个文件夹上右击，然后，在"包含到库中"子菜单中选择目标库即可，如图3-35所示。

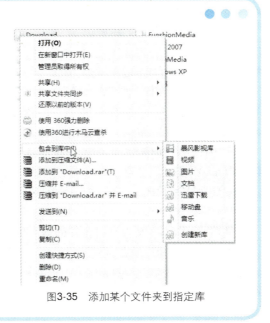

图3-35　添加某个文件夹到指定库

动手做5　在库中打开文件

将文件夹包含到库中以后,用户可以直接在库中打开文件夹中的文件,而不必再到文件夹所在的磁盘。例如,这里使用库打开F盘Video文件夹中的旅游视频,具体方法如下。

Step 01 在"库"窗口中双击视频库打开视频库,如图3-36所示。

Step 02 在视频库的Video子库中双击"旅游视频"文件,则可直接将该视频文件打开。

图3-36　在库中打开文件

知识拓展——WinRAR压缩软件简介

目前,在计算机应用过程中常常会用到对文件的压缩和解压缩,压缩就是利用算法将文件有损或无损地处理,以达到保留最多文件信息,而令文件体积变小。

压缩文件一般可以免遭破坏,例如,文件进行备份存放时最好压缩打包,这样一般的病毒不会破坏到它,杀毒软件也不会破坏到它。当然压缩软件还有很多用途,如可以保密存储一些文件(压缩的时候加上密码就可以达到这个目的了)。

经常使用的压缩软件有WinRAR、WinZip、7-Zip、2345好压和360压缩等,其中WinRAR是目前流行的压缩工具。它的界面友好、使用方便,在压缩率和速度方面都有很好的表现。它提供了rar和zip文件的完整支持,能解压arj、cab、lzh、ace、tar、gz、iso、uue、bz2、jra等格式文件。

要想使用WinRAR,用户首先应安装该软件,该软件是一个免费软件,用户可以到网上下载,WinRAR安装后会默认在资源管理器右键菜单中增加自己的项目。

安装了WinRAR后,不用打开WinRAR用户就可以进行文件的压缩和解压工作。

1．压缩文件

使用WinRAR对文件进行压缩的基本步骤如下。

Step 01 在"计算机"窗口找到要压缩的文件,在该文件上右击,如果在用户的系统中已经安装好了WinRAR软件,则右键菜单中会有如图3-37所示的几个选项。

图3-37　右键菜单

Step 02   选择"添加到压缩文件"命令,则打开"压缩文件名和参数"对话框,如图3-38所示。在对话框中选择压缩文件名、文件压缩类型、压缩方式、高级选项等。单击"确定"按钮对文件进行压缩。

Step 03   在快捷菜单中如果选择"添加到'压缩文件名.rar'"命令,则可直接对文件进行压缩操作,期间会有一个操作窗口显示压缩进度,如图3-39所示,结束后文件自动保存为"压缩文件名.rar"。

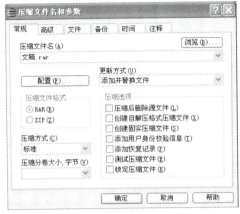
图3-38 "压缩文件名和参数"对话框

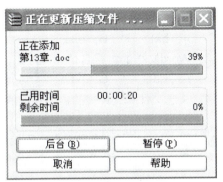
图3-39 "正在更新压缩文件"窗口

2．解压文件

被压缩的文件在使用时用户应将其解压出来,使用WinRAR对文件进行解压缩的基本步骤如下。

Step 01   在"计算机"窗口找到要解压缩的文件,在该文件上右击,在快捷菜单中选择"解压文件"命令,则打开"解压路径和选项"对话框,如图3-40所示。

Step 02   在对话框中选择解压缩的路径,还可以设置更新方式,覆盖方式等。单击"确定"按钮对文件进行解压缩。

Step 03   在快捷菜单中如果选择"解压到当前文件夹"命令,则直接将压缩文件解压到当前文件夹。

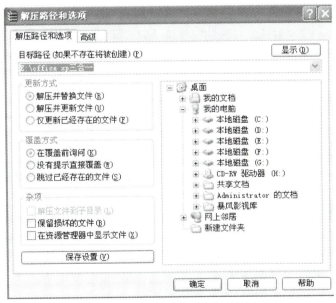
图3-40 "解压路径和选项"对话框

课后练习与指导

一、选择题

1. 下面哪几种符号不能在文件名中使用？（　　）
   A．\　　　B．=　　　C．*　　　D．,
2. 下面哪种扩展名对应可执行文件？（　　）
   A．bat　　B．exe　　C．sys　　D．bak
3. Word文档的扩展名是（　　）。
   A．xls　　B．txt　　C．doc　　D．dbf
4. 关于文件和文件夹的描述正确的是（　　）。
   A．计算机中的文件没有扩展名
   B．文件在同一个文件夹中不能与另一个文件重名
   C．从大的方面来说文件分为文档、图片、相册、音乐等几种
   D．在Windows 7系统中，文件的扩展名由1~255个字符组成
5. 下面关于文件与文件夹的管理说法正确的是（　　）。
   A．按住Shift键单击鼠标可以选中连续的多个文件
   B．如果要复制文件可以使用Ctrl+A组合键
   C．如果文件正被使用，则系统不允许对文件进行重命名的操作
   D．如果要移动文件可以使用Ctrl+X组合键
6. 在删除文件时，不将文件放到回收站而是直接删除的操作是（　　）。
   A．选择"文件"菜单中的"删除"命令　　B．按Delete键
   C．按Shift+Delete组合键　　D．直接将文件拖到回收站中

二、填空题

1. 文件名一般由_____和_____两部分组成。
2. 在计算机中一个文件或文件夹的完整路径应该写为_____。
3. 如果要选择全部文件，可以选择_____菜单中的_____命令；也可以通过按_____键来执行"全部选定"操作。
4. 如果要删除文件夹可以选择_____菜单中的_____命令或直接按键盘上的_____键。
5. 在Windows 7环境下文件具有两种基本属性：_____和_____。
6. 使用WinRAR对文件进行压缩，默认的压缩文件的扩展名为_____。
7. 如果要改变文件的属性，可以在文件上_____，然后在弹出的菜单中选择_____命令。
8. 默认情况下在"计算机"窗口中将文件和文件夹以不同的类型进行分组的分组依据主要有_____、_____、_____和_____。
9. 库的本质上跟文件夹有很大的不同。在文件夹中保存的文件或者子文件夹，都是存储在_____；而在库中存储的文件则_____。
10. Windows 7提供了8种查看文件的方式：_____、_____、_____、_____、_____、_____、_____和_____，Windows 7默认的是

_____方式查看文件。

三、简答题

1．如何对计算机中的文件进行重命名？
2．如何为一个常用的文件建立桌面快捷方式？
3．如何找到最近访问过的文件夹？
4．永久删除文件有哪几种方法？
5．如何显示隐藏的文件？
6．如何在"计算机"窗口中显示文件的扩展名？
7．什么是库？
8．库跟普通文件夹有哪些异同点？

四、实践题

练习1：在计算机的D盘创建一个名为"文件资源管理"的文件夹，然后在文件夹中创建一个名为"资料"的文本文档。

练习2：在计算机中查找扩展名为".bak"的文件。

练习3：设置计算机显示受保护的操作系统文件并显示隐藏的文件和文件夹。

练习4：为计算机中的一个文件创建桌面快捷方式。

练习5：使用WinRAR对文件进行压缩，然后观察压缩前后文件大小的变化。

练习6：将计算机中的存放音乐文件的文件夹添加到音乐库中。

模块 04 设置Windows 7工作环境

你知道吗？

用户在初次进入Windows 7后，系统会为用户提供一个默认的工作环境。由于各人的习惯、爱好不同，用户可能对原有设置不太满意，Windows 7允许用户对系统进行设置。通过各种设置用户可以得到一个更加符合个人要求、提高工作和学习效率的工作环境。

Windows 7是一个支持多用户的系统，在多个用户使用一台计算机的情况下，每个用户都可以设置与众不同的工作环境。

学习目标

- 自定义桌面
- 设置"开始"菜单
- 设置任务栏
- 设置鼠标的工作方式
- 设置系统时间

项目任务4-1 自定义桌面

探索时间

由于工作的缘故小王和女朋友分别生活在不同的城市，为了能减轻对女友的思念，小王决定将女朋友的照片作为桌面背景。小王应该如何进行操作才能将数码相机中女友的照片设置为桌面背景？

动手做1 自定义桌面背景

默认情况下，Windows 7系统的桌面背景是微软的徽标，用户可以选择一幅自己喜爱的图片或更为绚丽的图案作为桌面背景。

自定义桌面背景的具体步骤如下。

 在桌面的空白处右击，在弹出的快捷菜单中选择"个性化"命令，打开"控制面板个性化"窗口，如图4-1所示。

设置Windows 7工作环境 04

图4-1 "控制面板个性化"窗口

Step 02 单击"桌面背景"选项，打开"桌面背景"窗口，如图4-2所示。

图4-2 "桌面背景"窗口

Step 03 在"图片位置（L）"下拉列表框中选择图片的位置，如选择Windows桌面背景，在"图片"列表中选择一个图片，在"图片位置（P）"下拉列表框中选择图片的位置，如选择填充，单击"保存修改"按钮，则桌面背景变为选择的图片，如图4-3所示。

图4-3 更改桌面背景的效果

59

Windows 7基础与应用

注意

如果所选背景图片的尺寸符合桌面尺寸,那么在"图片位置(P)"下拉列表框中选择的选项将毫无意义,只有在背景图片的尺寸大于或小于桌面尺寸时,在"图片位置(P)"下拉列表框中的选项才能体现出具体的效果。如在"图片位置(P)"下拉列表框中选择图片的位置为"平铺",如图4-4所示,则桌面背景变为如图4-5所示的效果。

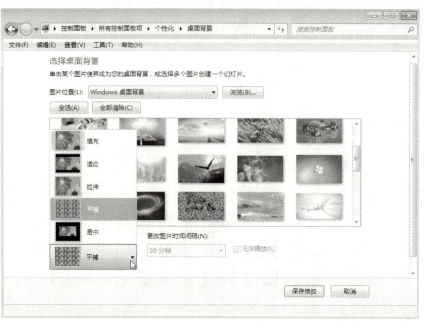

图4-4 设置图片平铺

图4-5 平铺图片的桌面背景

教你一招

用户还可以设置桌面背景图片的模式为放映幻灯片模式,在"图片"列表中选中多张背景图片,然后在"更改图片时间间隔"下拉列表中选中切换图片的时间间隔,如选中"无序播放"复选框,则背景图片无序播放,如取消该复选框的选中状态,则图片按照图片的顺序依次播放。

动手做2 设置Aero效果

Aero效果是Windows 7中的高级视觉效果功能,其特点是具有透明的磨砂玻璃效果、精致的窗口动画和新窗口颜色。

在启用Aero效果的Windows 7中,任务栏、"开始"菜单、窗口边框都会具有半透明的磨砂玻璃的效果。用户可以修改Aero效果下的窗口等处的颜色,具体操作步骤如下。

Step 01 在桌面的空白处右击,在弹出的快捷菜单中选择"个性化"命令,打开"控制面板个性化"窗口。

Step 02 单击"窗口和颜色"选项,打开"窗口颜色和外观"窗口,如图4-6所示。

图4-6 "窗口颜色和外观"窗口

Step 03 在"颜色"列表单击任一种颜色窗格后,当前窗格的颜色可即时发生相应的变化。

Step 04 通过左右拖动颜色浓度的滑块,可以调节所选颜色的浓度。单击"显示颜色混合器"按钮在展开的界面中用户还可以做进一步的设置,如图4-7所示。

Step 05 如果取消"启用透明效果"复选框的选中状态,则取消透明效果。

Step 06 完成颜色的调整后,单击"保存修改"按钮。

Windows 7基础与应用

图4-7 设置颜色混合器

动手做3 设置桌面主题

桌面主题是一组预定义的窗口元素，它们让用户可以将计算机个性化，使之有别具一格的外观。主题会影响桌面的总体外观，包括背景、屏幕保护程序、图标、字体、颜色、窗口、鼠标指针和声音。

设置桌面主题的具体步骤如下。

Step 01 在桌面的空白处右击，在弹出的快捷菜单中选择"个性化"命令，打开"控制面板个性化"窗口。

Step 02 在"更改计算机上的视觉效果和声音"区域中选择系统主题，如选择"中国"，如图4-8所示。

图4-8 选择主题

设置Windows 7工作环境 04

应用设置的主题后，用户发现桌面背景、桌面图标、桌面的外观、窗口的外观、鼠标指针等都明显发生了变化，如图4-9所示。在应用主题后，用户还可以重新对桌面的背景、桌面图标、桌面的外观、窗口的外观、鼠标指针等项目进行自定义。

图4-9　设置主题的效果

图4-10　设置屏幕分辨率

动手做4　设置屏幕分辨率

屏幕的分辨率是指屏幕所支持的像素的多少，它决定了屏幕上显示内容的多少。

设置屏幕分辨率的具体步骤如下。

Step 01　在桌面的空白处右击，在弹出的快捷菜单中选择"屏幕分辨率"命令，打开"屏幕分辨率"窗口，如图4-10所示。

Step 02　单击"分辨率"右侧的按钮，在列表中使用鼠标拖动滑块可以改变屏幕的分辨率。分辨率越高，在屏幕上显示的项目越多，但尺寸比较小。

Step 03　设置完毕单击"确定"按钮。

动手做5　设置屏幕保护程序

屏幕保护程序可以在用户暂时不工作时保护用户的工作状况，设置屏幕保护的具体操作步骤如下。

Step 01　在桌面的空白处右击，在弹出的快捷菜单中选择"个性化"命令，打开"控制面板个性化"窗口。

Step 02　单击"屏幕保护程序"选项，打开"屏幕保护程序设置"对话框，如图4-11所示。

Step 03　在"屏幕保护程序"下拉列表框中，用户可以选择一个喜爱的屏幕保护程序，例如，选择

63

"三维文字"屏幕保护程序。

Step 04 用户还可以对选定的屏幕保护程序进行设置,单击"设置"按钮,出现如图4-12所示的对话框,在对话框中用户可以对三维文字的文字、字体、旋转类型等进行具体的设置。"设置"对话框会根据用户选用的保护程序项的不同而不同。

图4-11 设置屏幕保护程序

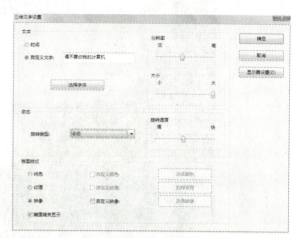

图4-12 "三维文字设置"对话框

Step 05 在"等待"文本框中输入时间,在该段时间内,如果计算机没有接受到外部的激励,即没有对计算机进行操作,屏幕保护程序就会自动运行起来。用户可以在输入框中输入或者单击在它旁边的微调按钮选择时间,时间的单位为分钟(min),最小反应时间为1min,系统默认的值为10min。

Step 06 单击"预览"按钮,可以看到屏幕保护程序的预览效果,随便动一动鼠标,消除屏幕保护,返回到"显示属性"对话框中。

Step 07 如果选中"在恢复时显示登录屏幕"复选框,则在返回原来的屏幕时会出现"解除计算机锁定"对话框,在对话框中只有输入用户的密码才能返回原来的屏幕。

Step 08 设置完毕,单击"确定"按钮。

动手做6 添加小工具

Windows 7中默认有几个小工具,用户可以根据需要向桌面上中添加或删除小工具,具体操作步骤如下。

Step 01 在桌面的空白处右击,在弹出的快捷菜单中选择"小工具"命令,打开"小工具"窗口,如图4-13所示。

Step 02 在窗口中显示了计算机中已经安装的小工具,右击要添加的小工具,在弹出的菜单中选择"添加"命令,即可将选择的工具添加到桌面上,如图4-14所示。

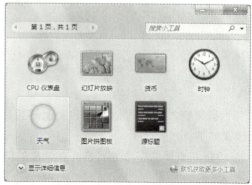

图4-13 "小工具"窗口

设置Windows 7工作环境 04

图4-14 在桌面上添加小工具

Step 03 在小工具上按住鼠标左键，可将其拖动到桌面上的任意位置。

Step 04 在小工具上右击，打开一个快捷菜单，如图4-15所示。

Step 05 在"不透明度"子菜单中用户可以选择小工具的不透明度，如果选择"前端显示"命令，则小工具永远在最上层而不被覆盖。

Step 06 选择"选项"命令，则打开"时钟"对话框，在对话框中用户可以对时钟的形状和时间进行设置，如图4-16所示。

Step 07 在快捷菜单中选择"关闭小工具"命令，则关闭当前小工具。

图4-15 小工具的快捷菜单

图4-16 "时钟"对话框

65

Windows 7基础与应用

> **提示**
>
> 不同的小工具在选择"选项"命令时打开的对话框是不同的。

巩固练习

1. 使用计算机中的某张图片作为桌面背景。
2. 更改计算机桌面主题，然后观察更改后的效果。
3. 为计算机设置一个屏幕保护程序。

项目任务4-2 设置"开始"菜单

探索时间

小张发现自己计算机上Windows 7的"开始"菜单中显示的是大图标，而小王计算机上Windows 7的"开始"菜单中显示的是小图标，小张应如何设置才能使Windows 7的"开始"菜单中也显示小图标？

用户可以对"开始"菜单进行设置，以满足自己的使用要求，设置"开始"菜单的具体步骤如下。

Step 01 在任务栏的空白处右击，在快捷菜单中选择"属性"命令，出现"任务栏和开始菜单属性"对话框，选择"开始菜单"选项卡，如图4-17所示。

Step 02 单击"自定义"按钮，打开"自定义开始菜单"对话框，如图4-18所示。

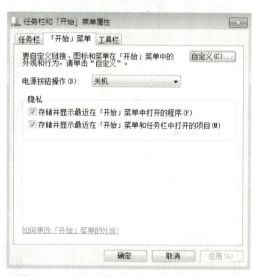

图4-17 "任务栏和「开始」菜单属性"对话框

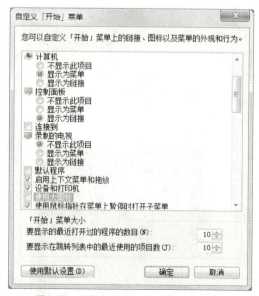

图4-18 "自定义「开始」菜单"对话框

Step 03 在"计算机"选项区域选中"显示为菜单"单选按钮。

Step 04 取消"使用大图标"复选框的选中状态。

Step 05 选中"最近使用的项目"复选框。

Step 06 设置完毕,单击"确定"按钮,"开始"菜单变为如图4-19所示的界面。

图4-19 自定义"开始"菜单的效果

巩固练习

1. 设置"开始"菜单不突出显示新安装的程序。

2. 设置"开始"菜单以小图标的形式显示菜单项,并设置显示在"开始"菜单中最近打开过的程序的数目为5个,设置完毕,观察"开始"菜单的变化。

项目任务4-3 设置任务栏

探索时间

由于工作的关系,小王最近往往一心多用,为了防止其他同事看到自己在计算机上同时进行了哪些工作,小王想把任务栏隐藏起来,这样其他同事就只能看到自己当前正在进行的工作,而不能看到小王同时打开的其他任务。小王应如何操作才能把任务栏隐藏起来?

▶ 动手做1 隐藏任务栏

由于屏幕的显示空间有限,所以,用户可以将任务栏隐藏起来获得更多的显示空间。隐藏任务栏的具体步骤如下。

Step 01 在任务栏的空白处右击,在快捷菜单中选择"属性"命令,打开"任务栏和开始菜单属性"对话框,选择"任务栏"选项卡。

Step 02 在"任务栏外观"选项区域中选中"自动隐藏任务栏"复选框,如图4-20所示。

Windows 7基础与应用

图4-20 自动隐藏任务栏

Step 03 单击"确定"按钮。

在设置了自动隐藏任务栏后,任务栏将会隐藏起来,如果用户需要显示任务栏可以把鼠标指针指向窗口的底部,这样任务栏将会显示出来。

> **教你一招**
>
> 如果在对话框中的"任务栏按钮"下拉列表框中选择"从不合并"选项,则在任务栏上打开的文件即使是同一类型也不会组合在一起,如图4-21所示。

图4-21 任务栏中的项目不分组显示

动手做2 调整任务栏

默认情况下任务栏出现在屏幕的底部,用户可以根据需要将它进行适当的移动,还可以改变它的宽度。

调整任务栏的基本步骤如下。

Step 01 在任务栏的空白处右击,在快捷菜单中选择"属性"命令,打开"任务栏和开始菜单属性"对话框,选择"任务栏"选项卡。

Step 02 在"任务栏外观"选项区域中的"屏幕上的任务栏位置"下拉列表框中选择任务栏的位置,如选择"顶部"选项。

Step 03 单击"确定"按钮,则任务栏移动到了桌面的顶部,如图4-22所示。

图4-22 调整任务栏的位置

教你一招

如果在对话框中的"任务栏外观"选项区域中取消"锁定任务栏"复选框的选中状态，则将鼠标指针指向任务栏的空白处，按住鼠标左键不放，拖动鼠标可以将任务栏移到屏幕的左边界、右边界或者顶部。将鼠标指针指向任务栏的边界，当鼠标指针变为双向箭头状时按住鼠标左键不放拖动鼠标可以改变任务栏的宽度。图4-23所示为改变了位置和宽度的任务栏。

图4-23　改变了位置和宽度的任务栏

动手做3　设置任务栏上图标的显示方式

默认情况下，Windows 7任务栏右侧"通知区域"的很多图标是隐藏的，用户可以对这一特性进行设置。

设置任务栏图标显示方式的具体步骤如下。

Step 01 在任务栏的空白处右击，在快捷菜单中选择"属性"命令，出现"任务栏和开始菜单属性"对话框，选择"任务栏"选项卡。

Step 02 单击"通知区域"的"自定义"按钮打开"通知区域图标"窗口，如图4-24所示。

Step 03 如果选中"始终在任务栏上显示所有图标和通知"复选框，则在任务栏上显示所有的图标和通知。

Step 04 取消"始终在任务栏上显示所有图标和通知"复选框的选中状态，在"选择在任务栏上出现的图标和通知"列表中选择一个图标选项，然后通过下拉列表设置该图标的"隐藏"或"显示"属性，如图4-25所示。

Step 05 设置完毕，单击"确定"按钮。

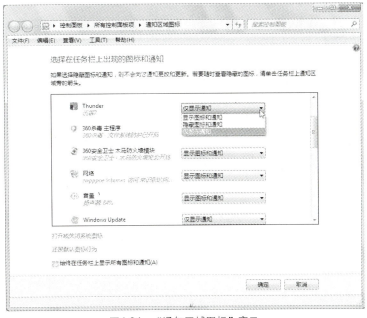

图4-24　"通知区域图标"窗口

Windows 7基础与应用

提示

在设置了隐藏图标后，在通知区域会出现一个"显示隐藏图标"按钮，单击该按钮，则出现隐藏的图标列表，如图4-25所示。

图4-25 隐藏的图标

巩固练习

1. 设置隐藏任务栏，观察隐藏任务栏的效果。
2. 调整任务栏到桌面的上方。

项目任务4-4 设置鼠标的工作方式

探索时间

小王的朋友小明是一个左撇子，他让小王帮他设置鼠标按键来适应他的左手习惯。小王应该如何帮助小明来进行设置？

动手做1 设置鼠标按键

鼠标键是指鼠标上的左右按键，由于它们的功能不同，鼠标按键分为主要按键和次要按键。因为大多数用户都是右手习惯，所以系统默认的设置是左键为主要按键，如果用户是左手习惯那就需要对鼠标的主要按键进行更改。设置鼠标按键的具体步骤如下。

Step 01 在"开始"菜单中选择"控制面板"命令，打开"控制面板"窗口，在"查看方式"列表中选择"小图标"，如图4-26所示。

图4-26 "控制面板"窗口

Step 02 在"控制面板"窗口中单击"鼠标"选项,打开"鼠标属性"对话框,选择"鼠标键"选项卡,如图4-27所示。

Step 03 如果用户习惯于左手操作鼠标,可以在"鼠标键配置"选项区域选中"切换主要和次要的按钮"复选框,此时鼠标左键和右键的作用将会交换,从右侧的图中可以显示出来,蓝色部分表示当前用于单击实现主要功能的键,白色部分则主要用于拖放和选择快捷菜单。

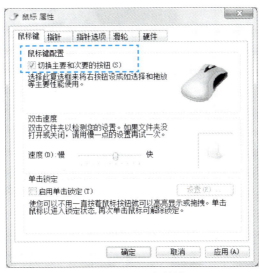

图4-27 设置鼠标按键

Step 04 在"双击速度"选项区域中,用户可以拖动滑块设定系统对鼠标键双击的反应灵敏程度。

Step 05 在"单击锁定"选项区域如果选中"启用单击锁定"复选框,这样用户在平时操作时不用一直按着鼠标来进行突出显示或拖曳操作。例如,用户在使用拖动的方法移动一个文件夹时,在文件夹上按住鼠标左键一会松开鼠标,则鼠标将自动粘贴到文件夹上,用户只需拖动鼠标即可进行移动文件夹的操作。

Step 06 单击"确定"按钮,完成设定。

动手做2 设置鼠标指针的外观

鼠标指针的外观,就是指在使用鼠标进行操作时鼠标出现的不同形状。例如,当鼠标显示为 ○ 状时表示系统正在工作,不能使用鼠标,当鼠标显示为 🖑 状时表示该选择为链接选择。在Windows 7中,系统为用户提供了多种指针的外观方案,如果用户喜欢标新立异可以自己定义鼠标指针的外观方案。

设置鼠标指针外观的具体步骤如下。

Step 01 在"鼠标属性"对话框中,选择"指针"选项卡,如图4-28所示。

Step 02 在"方案"下拉列表框中,列出了Windows 7提供的各种鼠标指针形状方案,从"方案"下拉列表框中选择一种系统指针方案,在"自定义"列表框中将会列出该方案中鼠标指针的形状。

图4-28 设置鼠标指针外观

Step 03 如果用户要更改某一指针方案，首先在"自定义"列表框中选择要更改的选项，然后单击"浏览"按钮，打开"浏览"对话框，如图4-29所示。在对话框中为当前选定的指针操作方式指定一种新的指针外观，单击"打开"按钮即可直接启用该外观。

图4-29　选择指针外观

Step 04 创建一个新的指针方案后，如果需要保存，可单击"另存为"按钮，在"保存方案"对话框中输入新方案的名称，然后单击"确定"按钮将它保存。

Step 05 如果用户希望鼠标指针的外观更有立体感，可选中"启用指针阴影"复选框。

Step 06 如果选中"允许主题更改鼠标指针"复选框，则应用主题时可以改变鼠标形状。

Step 07 单击"确定"按钮，完成设定。

动手做3　设置鼠标指针选项

用户可以根据需要调整鼠标指针的移动速度、显示轨迹等属性，设置这些属性的具体步骤如下。

Step 01 在"鼠标属性"对话框中，选择"指针选项"选项卡，如图4-30所示。

Step 02 在"移动"选项区域中，用户可以使用鼠标拖动滑块调整鼠标指针的移动速度，用户应根据对鼠标操作的熟练程度来设置指针的移动速度，不要设置得太快也不要太慢。为提高指针移动的精确度，用户可以选中"提高指针精确度"复选框。

Step 03 在"对齐"选项区域中，如果用户选中"自动将指针移动到对话框中的默认按钮"复选框，那么在打开对话框时，指针将自动移动到默认的按钮上方。

图4-30　设置指针选项

Step 04 在"可见性"选项区域中,如果选中"显示指针轨迹"复选框,则在移动鼠标时将会出现指针的移动轨迹;如果选中"在打字时隐藏指针"复选框,则在用户输入文字时,指针会自动隐藏不再影响视线;如果选中"当按Ctrl键时显示指针的位置"复选框,则当按Ctrl键时系统将出现收缩状的圆形来动感地显示鼠标指针的位置。

Step 05 单击"确定"按钮,完成设定。

⇒ 动手做4 设置鼠标滚动轮

目前使用的鼠标上都有一个滚动轮,鼠标滚轮的功能取代了键盘上下键的操作。但有时,我们却觉得鼠标滚轮的速度,有时候快了,有时候慢了,总不符合人们阅读的习惯,此时用户可以设置鼠标滚动轮的滚动速度,具体设置步骤如下。

Step 01 在"鼠标属性"对话框中,选择"滑轮"选项卡,如图4-31所示。

Step 02 在"垂直滚动"区域如果选中"一次滚动下列行数"单选按钮,则用户可以调节一次滚动的行数。

Step 03 如果选中"一次滚动一个屏幕"单选按钮,则在滚动时一次滚动一个屏幕。

Step 04 设置完毕,单击"确定"按钮。

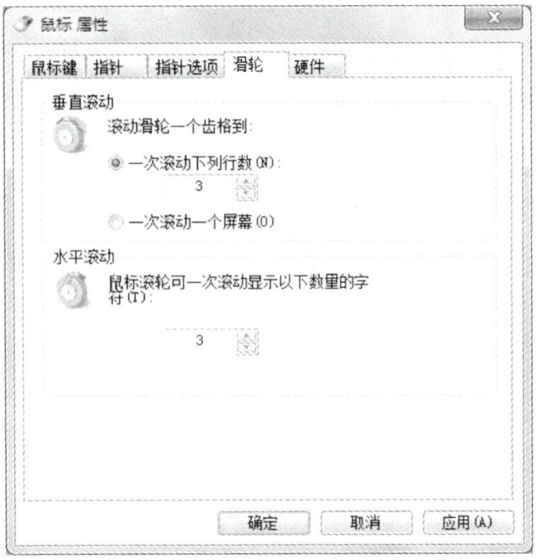

图4-31 设置鼠标滚动轮

巩固练习

1. 设置鼠标启用单击锁定,然后验证效果。
2. 设置鼠标显示指针轨迹,然后移动鼠标查看效果。

知识拓展——键盘的设置

在Windows操作系统中,人们虽然不完全依赖键盘输入,但键盘有鼠标无法替代的功能,如输入文字、收发电子邮件等。了解键盘的属性、设置键盘的工作方式,能大大提高工作效率。

在"控制面板"窗口中单击"键盘"选项,打开"键盘属性"对话框,如图4-32所示。

"速度"选项卡中各选项的含义如下。
- 重复延迟:当按住键盘上的某一个键时,系统输入第一个字符和第二个字符之间的间隔。通过调整滑块,可以增加或减小重复延迟的时间。
- 重复速度:按住键盘上的某一个键时,系统重复输入该字符的速度。通过调整标尺上的滑块,可以增加或减小字符的

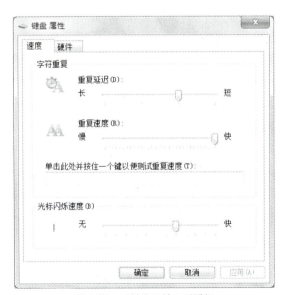

图4-32 "键盘属性"对话框

Windows 7基础与应用

重复速度。将鼠标定位在该项标尺下面的文本框中可以按住键盘的某一键,测试重复字符的重复延迟和重复速度。

- 光标闪烁速度:在输入字符的位置光标闪烁的速度。光标闪烁太快,容易引起视觉疲劳;光标闪烁太慢,不容易找到光标的位置。

项目任务4-5 设置系统时间

探索时间

最近小王的计算机出了一次故障,计算机维修人员对计算机进行了维修,维修后小王发现自己计算机上的系统时间出现了差错,小王决定自己来更正系统时间,他该如何进行操作?

在Windows 7中,系统会自动为存档文件标上日期和时间,以供用户检索和查询。在用户向其他计算机发送电子邮件时,系统也将在邮件中标上本机所设置的日期和时间。

在Windows 7任务栏右侧显示了当前系统的时间,当系统时间和日期不准确或在特定情况下用户可以更改系统的时间和日期。

设置系统日期和时间的具体步骤如下。

Step 01 单击任务栏右侧的"时钟"图标打开"时间和日期"界面,如图4-33所示。

Step 02 单击"更改日期和时间设置"选项,打开"日期和时间"对话框,如图4-34所示。

图4-33 "时间和日期"界面

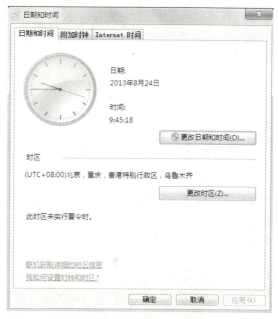
图4-34 "日期和时间"对话框

Step 03 单击"更改日期和时间"按钮,打开"日期和时间设置"对话框,如图4-35所示。

Step 04 在"日期"区域用户可以设置当前日期,分别指定年月日。

Step 05 在"时间"选项区域中,非常形象地以钟表的形式显示了系统时间,在其下的输入框中,可以指定当天的准确时间,从左至右,依次为小时、分、秒。

Step 06 设置完毕单击"确定"按钮。

图4-35 "日期和时间设置"对话框

 提示

如果用户所在的时区与系统默认的时区不一致,可在"日期和时间设置"对话框中单击"更改日历设置"按钮,打开"时区设置"对话框,如图4-36所示。在对话框中,用户可以根据所在的具体位置在"时区"下拉列表框中选择本地区所属的时区,中国用户应选择"北京,重庆,香港特别行政区,乌鲁木齐"选项。

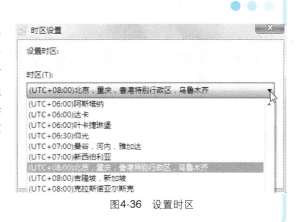

图4-36 设置时区

巩固练习

设置计算机的时间为2013年10月1日,上午11点,观察时钟图标的变化,然后将时间调回当前时间。

课后练习与指导

一、选择题

1. 在设置桌面背景时,下列哪种不是背景图片在桌面的显示位置?（　　）
   A. 平铺　　　B. 居中　　　　　C. 拉伸　　　　　　D. 层叠

2. 关于桌面背景下列说法正确的是（　　）。
   A．用户可以使用多张图片作为桌面背景，这些图片会在规定的时间内进行切换
   B．使用同一张图片作为背景时，如果选中不同的显示方式，则显示效果会不同
   C．可以使用纯色作为桌面背景
   D．在桌面应用了某个主题时，桌面背景会变为该主题设定的背景
3. 在对"开始"菜单进行自定义设置时，用户可以设置下列哪些项目？（　　）
   A．设置"开始"菜单中项目图标的大小　B．设置菜单上最近打开的程序数目
   C．设置突出显示新安装的程序　　　　D．设置列出最近使用的项目
4. 在对任务栏进行自定义设置时，用户可以设置哪些项目？（　　）
   A．设置图标显示的方式　　　　　　　B．设置任务栏按钮是否合并
   C．设置任务栏的显示位置　　　　　　D．设置任务栏上显示图标的数目
5. 下列说法正确的是（　　）。
   A．桌面主题会影响桌面的总体外观，包括背景、屏幕保护程序、窗口颜色等
   B．在更改"窗口边框颜色"选项时同时会影响到"开始"菜单和任务栏
   C．在应用主题后，用户不能重新对桌面的背景、窗口颜色等项目进行自定义
   D．窗口边框、"开始"菜单和任务栏可以设置为不透明效果
6. 关于屏幕分辨率的说法正确的是（　　）。
   A．屏幕分辨率是指显示器的刷新速度
   B．屏幕分辨率越大，屏幕上项目的尺寸显示的越大
   C．屏幕分辨率越大，在屏幕上显示的项目多
   D．设置屏幕分辨率在"控制面板个性化"窗口中进行设置
7. 当鼠标变为 形状时，通常情况是表示（　　）。
   A．正在选择　　　　　　　　　　　　B．系统正在工作
   C．后台运行　　　　　　　　　　　　D．选择链接
8. 关于小工具的说法正确的是（　　）。
   A．添加的小工具在桌面不能任意调整位置
   B．用户可以设置小工具的一些选项
   C．用户可以设置小工具的透明度
   D．添加的小工具始终显示在最上层
9. 在Windows 7中通过"鼠标属性"对话框，不能调整鼠标的（　　）。
   A．单击速度　　　　　　　　　　　　B．双击速度
   C．移动速度　　　　　　　　　　　　D．指针轨迹
10. 在Windows 7中，任务栏（　　）。
    A．既能改变位置也能改变大小
    B．只能改变位置不能改变大小
    C．既不能改变位置也不能改变大小
    D．只能改变大小不能改变位置

二、填空题

1. 在桌面的空白处右击，在快捷菜单中选择"个性化"命令，打开"_____"窗口。
2. 在启用Aero效果的Windows 7中，_____、_____、_____都会具有半透明的磨砂玻璃的效果。

3．在_____右击，在快捷菜单中选择"属性"命令，则会出现""任务栏和开始菜单属性""对话框。

4．在"控制面板"窗口的"查看方式"列表中选择_____查看方式，然后单击"鼠标"选项，则会打开"鼠标属性"对话框。

5．如果用户习惯于左手操作鼠标，可以在"鼠标属性"对话框的"鼠标键配置"选项区域选中"_____"复选框，此时鼠标左键和右键的作用将会交换。

6．屏幕的分辨率是指屏幕所支持的像素的多少，它决定了_____。

7．如果在"任务栏和开始菜单属性"对话框中的"任务栏按钮"下拉列表中选择_____选项，则在任务栏上打开的文件即使是同一类型也不会组合在一起。

8．在"通知区域图标"窗口中如果选中"_____"复选框，则在任务栏上显示所有的图标和通知。

三、简答题

1．如何自定义桌面背景？
2．怎样将任务栏中的QQ图标隐藏？
3．操作系统的系统时间不准确，怎样将其调整为正确的时间？
4．如何设置屏幕分辨率？
5．如何调整鼠标键双击的反应灵敏程度？
6．如何设置屏幕保护程序？
7．如何将任务栏放置到桌面的顶部？
8．如何设置"开始"菜单和任务栏的颜色？

四、实践题

练习1：为了避免其他人发现你还在运行其他的程序，将任务栏设置为隐藏状态。

练习2：首先为桌面设置一个桌面主题，然后对桌面的桌面背景及屏幕保护程序进行自定义，最后将主题另存为一个主题方案。

练习3：调整桌面的屏幕分辨率，然后观察不同的分辨率与桌面显示内容的关系。

练习4：为左手习惯的用户设置鼠标按键。

练习5：设置指针形状，验证设置效果。

练习6：自定义"开始"菜单，然后单击"开始"按钮观察设置效果。

练习7：自定义任务栏，分别定制任务按钮从不合并、当任务栏占满时合并、始终合并隐藏标签，然后分别观察效果。

练习8：设置通知区域的某些图标仅显示通知，设置通知区域的某些图标隐藏图标和通知，然后观察设置效果。

Windows 7基础与应用

模块 05 硬件和软件的安装与管理

你知道吗？

计算机硬件是指实际的物理设备，包括计算机的主机和外部设备。计算机硬件的功能是输入并存储程序和数据，以及执行程序把数据加工成可以利用的形式。

计算机软件是指计算机系统中的程序及其文档，软件是用户与硬件之间的接口界面，用户主要是通过软件与计算机进行交流。

学习目标

➢ 硬件的安装与管理
➢ 安装打印机
➢ 软件的安装与卸载
➢ 打开或关闭Windows功能
➢ 任务管理器的使用
➢ 中文输入法的安装与使用

项目任务5-1 硬件的安装与管理

探索时间

小王在计算机商店买了一个摄像头，销售人员告诉小王，直接把摄像头插在计算机的USB接口上就能使用了。小王将摄像头安装在计算机上以后出现硬件安装失败的提示，而且摄像头也无法使用，这是什么缘故？小王应如何操作才能使摄像头能够正常使用？

分析：之所以会出现安装失败的提示是因为操作系统的内置驱动库中没有该类摄像头的驱动程序，小王可以首先安装摄像头附带光盘上的驱动程序，然后将摄像头插到计算机上。

动手做1 了解硬件驱动程序

硬件驱动程序是一种可以使计算机和硬件设备通信的特殊程序，可以说相当于硬件的接口，操作系统只有通过这个接口，才能控制硬件设备的工作，假设某硬件设备的驱动程序未能正确安装，便不能正常工作。因此，驱动程序被誉为"硬件的灵魂"、"硬件的主宰"和"硬件和系统之间的桥梁"等。

随着电子技术的飞速发展，计算机硬件的性能越来越强大。驱动程序是直接工作在各种硬件设备上的软件，其"驱动"这个名称也十分形象地指明了它的功能。正是通过驱动程序，各种硬件设备才能正常运行，达到既定的工作效果。

硬件如果缺少了驱动程序的"驱动",那么本来性能非常强大的硬件就无法根据软件发出的指令进行工作,硬件就是空有一身本领都无从发挥,毫无用武之地。这时,计算机就正如古人所说的"万事俱备,只欠东风",这"东风"的角色就落在了驱动程序身上。如此看来,驱动程序在计算机使用上还真起着举足轻重的作用。

从理论上讲,所有的硬件设备都需要安装相应的驱动程序才能正常工作。但像CPU、内存、主板、软驱、键盘、显示器等设备并不需要安装驱动程序也可以正常工作,而显卡、声卡、网卡等却一定要安装驱动程序,否则便无法正常工作。这是为什么呢?这主要是由于CPU、内存等硬件对于一台个人计算机来说是必须的,因此早期的设计人员将这些硬件列为BIOS能直接支持的硬件。换句话说,上述硬件安装后就可以被BIOS和操作系统直接支持,不再需要安装驱动程序。从这个角度来说,BIOS也是一种驱动程序。但是对于其他的硬件,如网卡、声卡、显卡等却必须要安装驱动程序,不然这些硬件就无法正常工作。

动手做2　自动安装普通硬件

因为在Windows 7中,庞大的内置驱动库已经可以对很多硬件进行较好的支持,所以在Windows 7中相当一部分的硬驱动的安装都是自动完成的,我们无须进行干预。

自动安装硬件的步骤如下。

Step 01　在计算机关闭的情况下,将硬件安装到计算机上。

Step 02　启动计算机并进入Windows 7桌面,系统将自动检测出新安装的硬件,并开始安装驱动程序,如图5-1所示。

图5-1　系统自动安装驱动程序

Step 03　安装好驱动程序后,将在通知区域中显示安装成功的提示,如图5-2所示。

Step 04　如果驱动程序无法安装成功,将在通知区域中显示未能成功安装设备驱动的提示,如图5-3所示。

图5-2　硬件安装成功提示

图5-3　硬件安装不成功提示

动手做3　安装 USB 设备

USB 设备是最容易连接到计算机的设备之一。第一次将某个设备插入 USB 端口进行连接时,Windows 会自动识别该设备并为其安装驱动程序。驱动程序可使计算机与硬件设备通信。如果没有驱动程序,与计算机连接的 USB 设备(如鼠标或网络摄像机)将无法正常工作。

在安装USB 设备前用户要查看设备附带的说明,了解是否需要在连接设备之前安装驱动程序。虽然 Windows 通常在用户连接新设备时会自动执行此操作,但某些设备需要手动安装驱动程序。在这些情况下,设备制造商会在软件光盘中提供有关在插入设备前安装驱动程序的说明。

有些 USB 设备具有电源开关(如摄像机或照相机),在连接这些设备之前,应该打开开关。如果用户的设备使用电源线,请将该设备连接到电源,然后,在连接之前将其打开。

在计算机运行的状态下,将USB 设备插入到计算机的 USB 端口中,如果 Windows 可以自动查找并安装设备驱动程序,则会通知用户该设备可以使用。否则,将显示未能成功安装设备驱动的提示。

Windows 7基础与应用

  提示

大多数 USB 设备都可以随时取出或拔下。拔下存储设备（如 USB 闪存驱动器）时，请确保计算机已将所有信息都保存到设备上，然后将其取出。如果设备的灯处于活动状态，请等待几秒钟，灯不闪烁之后再拔下它。如果用户在任务栏右侧的通知区域中看到"安全删除硬件"图标 ，则用户可以使用这个图标作为设备已完成所有操作且可以移除的指示。单击该图标，用户将看到设备列表，如图5-4所示。单击要删除的设备，系统将显示一个通知，提示用户可以安全地删除该设备。

图5-4　安全删除硬件

动手做4　手动安装硬件驱动

如果Windows 7的内置驱动库中没有硬件的驱动程序，则用户应使用硬件设备生产商提供的驱动程序。

一般来说，各种硬件设备的生产厂商都会针对自己的硬件设备的特点开发专门的驱动程序，并采用光盘的形式在销售硬件设备的同时一并免费提供给用户。这些由设备厂商直接开发的驱动程序都有较强的针对性，它们的性能比Windows附带的驱动程序要高一些。

另外，用户还可以通过访问硬件生产厂商的网站下载驱动程序，或者通过访问芯片组厂商的网站下载公版驱动，当然还可以通过访问专业驱动提供站点进行下载。

对于驱动程序的源文件本身就是后缀名为"exe"的可执行文件时，用户可以双击安装文件安装驱动程序。

现在硬件厂商已经越来越注重其产品的人性化，其中就包括将驱动程序的安装尽量简单化，所以很多驱动程序里都带有一个"Setup.exe"可执行文件，只要双击它，然后一直单击"Next（下一步）"按钮就可以完成驱动程序的安装。有些硬件厂商提供的驱动程序光盘中加入了Autorun自启动文件，只要将光盘放入到计算机的光驱中，光盘便会自动启动。然后在启动界面中单击相应的驱动程序名称就可以自动开始安装过程，这种十分人性化的设计使安装驱动程序非常方便。

硬件驱动程序安装好后，将硬件安装到计算机上后即可使用。

动手做5　查看有问题的硬件设备

在Windows 7操作系统中提供了设备管理器，使用设备管理器可以查看计算机中已安装的硬件设备及工作状态。如果发现安装的硬件无法正常使用，这时就应该在设备管理器中查看硬件的工作状态了。具体步骤如下。

Step 01 在"计算机"图标上右击，在弹出的菜单中选择"属性"命令，打开"系统属性"窗口，如图5-5所示。

Step 02 在窗口左侧单击"设备管理器"选项，打开"设备管理器"窗口，如图5-6所示。在窗口中将自动展开计算机中所有的硬件设备，并且在有问题的硬件前面会有一个黄色的叹号。

Step 03 双击该设备名称，弹出该设备的"属性"对话框，选择"常规"选项卡，如图5-7所示。单击"更新驱动程序"按钮则打开"更新驱动程序软件"对话框，用户可重新安装该设备的驱动程序，如图5-8所示。

图5-5 "系统属性"窗口

图5-6 "设备管理器"窗口

图5-7 "硬件属性"对话框

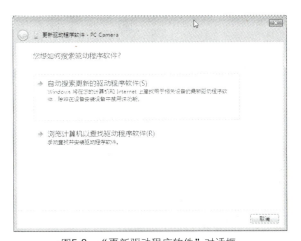
图5-8 "更新驱动程序软件"对话框

Step 04 在对话框中如果单击"自动搜索更新的驱动程序软件"选项,则系统开始在默认安装驱动的文件夹中搜索该设备的驱动程序,一般情况下,如果系统不能自动安装硬件该选项也无法为硬件安装驱动。单击"浏览计算机以查找驱动程序软件"选项,则进入如图5-9所示的对话框。

Step 05 在对话框中单击"在以下位置搜索驱动程序软件"区域的"浏览"按钮,在打开的"浏览"文件夹中选择驱动程序所在的文件夹,如选择"D:\myDrivers"文件夹。

Step 06 如选中"包括子文件夹"复选框,则在搜索时搜索选定文件夹的子文件夹。

Step 07 单击"下一步"按钮,操作系统将会在文件夹"D:\myDrivers"中自动搜索与硬件相匹配的驱动程序。

Windows 7基础与应用

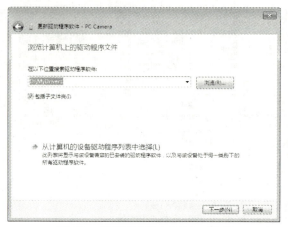

图5-9 "更新驱动程序软件"对话框

图5-10 搜索驱动程序软件

Step 08 如果系统找到该硬件的驱动,则为硬件自动安装驱动程序,安装结束后出现如图5-11所示的对话框。单击"关闭"按钮,关闭对话框。

驱动程序安装好后,硬件前面的黄色叹号将不再显示。

图5-11 驱动程序安装完毕

提示

对于从网上下载的驱动程序,如果驱动程序的源文件不是可执行程序,而是一些驱动程序文件,用户可以将下载的驱动程序放置到一个文件夹中,然后采用"浏览计算机以查找驱动程序软件"选项进行安装。

动手做6 禁用和卸载硬件设备

如果某个硬件决定暂时不使用了,用户可以将其禁用,等需要使用时再启用它,这样可以不用重复安装驱动程序。而对于长时间不使用的硬件,可将其从系统中删除,在以后需要时再进行安装。禁用和删除硬件的具体操作步骤如下。

Step 01 在桌面"计算机"图标上右击,在弹出的菜单中选择"属性"命令,打开"系统属性"窗口。

Step 02 在窗口左侧单击"设备管理器"选项,打开"设备管理器"窗口。

硬件和软件的安装与管理 05

Step 03 使用鼠标右键单击要禁用的设备，在弹出的菜单中选择"禁用"命令，如图5-12所示。

Step 04 选择"禁用"命令后打开"确认"对话框，如图5-13所示。单击"是"按钮，即可将该设备禁用。

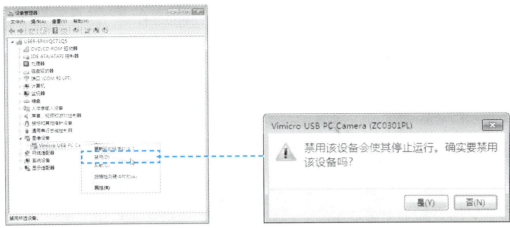

图5-12 选择"禁用"命令　　　　　图5-13 是否禁用设备

Step 05 如果要卸载某个硬件，可以使用鼠标右键单击要卸载的硬件，在菜单中选择"卸载"命令，打开"确认设备卸载"对话框，如图5-14所示。

Step 06 如果选中"删除此设备的驱动程序软件"复选框，则删除该硬件的驱动程序，否则保留该硬件的驱动程序，单击"确定"按钮。

图5-14 "确认设备卸载"对话框

提示

设备禁用以后需要再次使用该设备时，使用鼠标右键单击禁用的设备，在菜单中选择"启用"命令即可。

巩固练习

1. 使用设备管理器禁用计算机上的某个硬件。对禁用的硬件重新启用。
2. 使用设备管理器卸载计算机上的某个硬件。将卸载的硬件重新安装。

项目任务5-2　安装打印机

探索时间

小王的办公室里新购进了一台USB接口的打印机，他应如何将其安装到自己的计算机上并使用？

动手做1　添加USB接口打印机

打印机的数据线根据打印机数据接口类型可以分为并口打印机和USB接口的打印机，分别对应并口和USB接口。

USB接口的打印机连接非常简单,一头接打印机,一头接计算机的USB接口就可以了,和连接U盘一样方便。

将打印机硬件安装好之后,接通电源就会提示找到新硬件,也就意味着要安装打印机驱动程序了。驱动程序的安装比较简单,只需要打开打印机驱动程序光盘,或者将下载的驱动程序文件解压,然后找到其中的Setup.exe文件(或阅读说明书找到安装文件),双击即可打开驱动程序安装向导,然后按照提示一直单击"下一步"按钮就可以了。

在安装过程中,有可能会检测硬件,对于一些USB接口的打印机,如果检测通不过,建议大家可以将USB接口先拔下来,然后在安装向导的操作步骤提示下再接上USB连接线,让其重新识别检测一下打印机硬件就可以了。

另外,在安装驱动的时候,还有可能会出现驱动程序兼容性的提示,在这里不用紧张,直接同意确认就可以了,不会影响正常使用的。当驱动程序安装好之后,打印机就可以正常工作了。

动手做2　添加并行接口打印机

并行接口简称为"并口",是一种增强了的双向并行传输端口。优点是无须在PC中用其他的卡,无限制链接数目(只要有足够的端口),设备的安装及使用容易,最高传输速度为1.5Mb/s。目前,计算机中的并行接口主要作为打印机端口,接口使用的不再是36针接头而是25针D形接头。"并行"是指8位数据同时通过并行线进行传送,这样数据传送速度大大提高,但并行传送的线路长度受到限制,因为长度增加,干扰就会增加,容易出错。

并口打印机要接在计算机主板上的并行端口上,这类打印机的安装稍微复杂,用户在连接打印机硬件时,最好参照打印机说明书进行。

安装并口打印机的基本步骤如下。

Step 01 在"开始"菜单中单击"设备和打印机"命令,打开"设备和打印机"窗口,如图5-15所示。

图5-15　"设备和打印机"窗口

Step 02 在窗口中单击"添加打印机"按钮,打开"添加打印机向导",如图5-16所示。

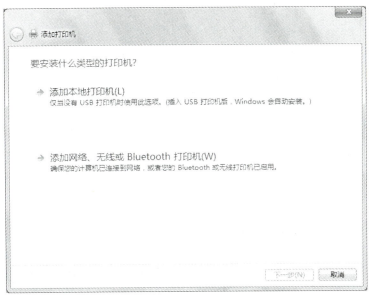

图5-16 选择安装打印机类型

Step 03 在"要安装什么类型的打印机"界面中单击添加本地打印机选项，进入如图5-17所示的界面。

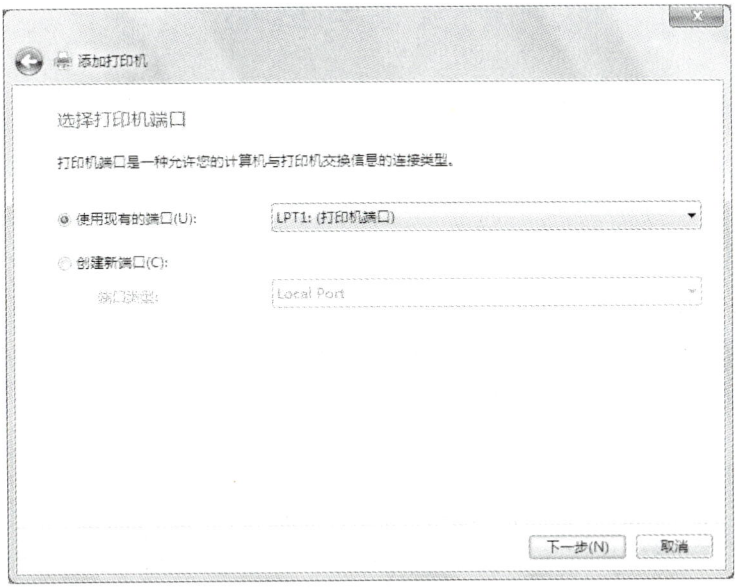

图5-17 选择接口

Step 04 在"选择打印机端口"界面上，请确保选择"使用现有端口"按钮和建议的打印机端口，然后单击"下一步"按钮出现"安装打印机软件"界面，如图5-18所示。

Step 05 在对话框中用户可以选择打印机的制造商和型号，在"厂商"下拉列表框中列出了世界各知名打印机品牌，当用户选择其中的一项后，在"打印机"下拉列表框中会详细列出该品牌的具体型号，用户可以从中查寻自己打印机的型号，然后单击"下一步"按钮进行安装。

如果安装的打印机带有安装盘，可以单击"从磁盘安装"按钮，弹出"从磁盘安装"对话框。选择驱动程序的位置，然后按照向导的提示安装即可。

安装好打印机后，就可以使用打印机了。

Windows 7基础与应用

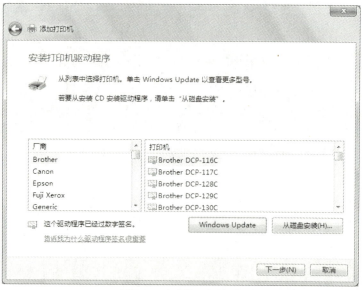

图5-18 安装打印机软件

项目任务5-3 软件的安装与卸载

探索时间

1. 在U盘上有一快播的安装程序，小明如何才能将快播程序安装到自己的计算机上？
2. 最近小王不再使用快播程序，小王可以采用几种方法对快播程序进行卸载？

动手做1 了解软件

计算机软件可以分为系统软件和应用软件两大类。应用软件（应用程序）是指专门为解决各类实际问题而开发的程序。例如，Word程序可以提供文字编辑功能；WinRAR程序可以提供压缩与解压缩功能；财务管理程序可以提供财务统计与管理功能等。

Windows 7属于"系统软件"一类，系统软件一般是由大型计算机厂家开发并提供，它可以管理和充分利用计算机硬件资源，进而方便用户使用、维护、发挥和扩展计算机的功能。作为软件中的"平台"型软件，一般只能使用但无法修改它们。

一台没有安装软件的计算机通常称为"裸机"，裸机需要安装操作系统才能运行。操作系统可以完成一系列硬件的底层调度，以及提供一些较基本的功能。例如，开机与关机功能、电影与音乐的播放、压缩与刻录功能、文字输入与打印等。但是，由于这些功能都比较简单，因此很多时候为了满足更多的需求，就需要为计算机安装一些专业的应用程序来协助人们的工作、丰富人们的生活。例如，由于Windows 7的文本编辑功能只支持简单的文本编辑，如果要编写专业文档就需要安装专业的文本编辑软件Word或WPS来完成复杂的文档编辑。受利益、版权等因素的影响，一些专业型的程序只能通过购买获得。当然，也有一些程序是免费的。不管程序是怎么来的，我们都需要学会安装它，进而才能使用它。

图5-19所示为裸机、操作系统和应用程序形成的三层结构。显然，裸机是操作系统安装的平台，而操作系统则可以看成应用软件安

图5-19 程序的三层结构

装和运行的平台。其中应用程序处于最上端，它离开了操作系统和裸机将无法使用。这就好比演员与舞台的关系，演员必须在平稳的舞台上才能表演，而应用程序也必须在稳定的操作系统中才能稳定地安装或者运行。

动手做2　安装软件

绝大部分应用软件的安装过程都是大致相同的。有些较大型的软件如Delphi、Visual C++等，它们的安装过程需要较多的步骤，用户应该比较清楚每一步的作用和注意事项，相对来说会比较烦琐；而很多中小型软件如办公软件、Windows管理软件等，它们的安装过程就相对简单得多。

一般来说，应用软件的安装启动有两种方式：一种是从光盘直接安装，当把某个应用程序的安装盘放到光驱中后系统会自动启动安装程序；另一种是通过双击相应的安装图标，一般名称为"Setup"或者"Installation"，双击这样的安装图标同样也可以启动安装程序，另外还有一些程序通过双击本应用软件的图标就可启动安装程序。

启动安装程序，进入欢迎界面，然后按照向导一步一步进行操作。在安装过程中用户只要能够理解向导中每一步骤的安装作用，正确设置其中的选项，那么一定可以顺利地将所需要的应用软件安装成功。在安装成功后计算机会给出提示，表示安装成功，有些软件在安装成功后需要重启计算机才能生效。如果安装不成功，计算机也会给出提示，用户可以根据提示重新安装。

这里以安装Office 2007为例，简要介绍软件安装的整个过程，具体操作步骤如下。

Step 01 将Office 2007安装光盘放入到计算机的光驱中，稍后将自动弹出安装界面，如果Office 2007软件存放在硬盘中，用户可以直接双击安装程序"Setup.exe"来启动安装程序，安装程序启动后，界面如图5-20所示。

图5-20　Office 2007安装初始界面

Step 02 安装程序初始化结束后进入如图5-21所示的界面，在这里要求用户输入序列号。

Step 03 输入正确的序列号，然后单击"继续"按钮，在进入的界面中选中"我接受此协议"复选框，然后单击"继续"按钮，进入选择安装方式界面，如图5-22所示。

Step 04 如果单击"立即安装"按钮，则立即开始安装；如果选择"自定义"按钮，则进入如图5-23所示的界面。

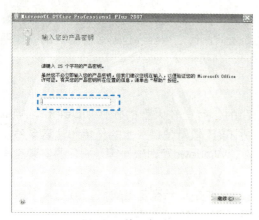
图5-21 输入序列号

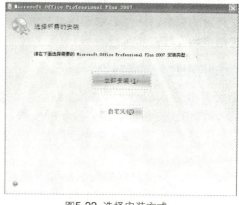
图5-22 选择安装方式

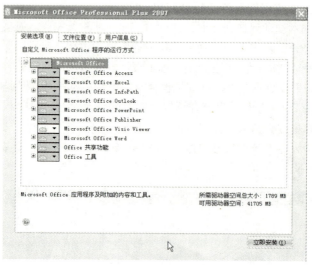
图5-23 自定义安装

Step 05 在该界面中可以选择具体安装的Office组件、安装位置并输入用户信息,设置好后单击"立即安装"按钮,安装程序开始安装,并显示安装进度,如图5-24所示。

Step 06 在一段时间后,程序安装完毕,进入如图5-25所示的界面,单击"关闭"按钮,安装完成。

图5-24 开始安装

图5-25 完成安装

动手做3　更改或修复已安装的软件

有些软件很大、功能很多，在安装时可能只安装了最需要的部分，而软件中包括的其他组件并没有安装。当需要使用软件的其他组件时，就需要进行添加。而如果在安装时选择安装了一个软件的全部组件，则还可以随时删除不想保留的组件，以节省硬盘空间。当软件出现了使用上的问题时，还可以对其进行修复。

更改或修复已安装软件的具体操作步骤如下。

Step 01　在"开始"菜单中单击"控制面板"选项，打开"控制面板"窗口。

Step 02　在"控制面板"窗口的"查看方式"列表中选择"小图标"的查看方式，如图5-26所示。

Step 03　在"控制面板"窗口中单击"程序和功能"选项，打开"程序和功能"窗口，如图5-27所示。

图5-26　"控制面板"窗口

图5-27　"程序和功能"窗口

Step 04 在"卸载或更改程序"列表中选择要更改的程序,如选择刚安装的Office 2007,则会显示出"更改"和"删除"两个按钮,单击"更改"按钮,则打开该软件的添加或修复窗口,如图5-28所示。

Step 05 如果用户需要对该软件进行添加或删除,则可以选中"添加或删除功能"单选按钮;如果用户的软件出现了问题需要修复,则可以选中"修复"单选按钮;如果要卸载该软件可以选中"删除"单选按钮。

Step 06 选择了相应的选项后,单击"继续"按钮进行下一步的操作。

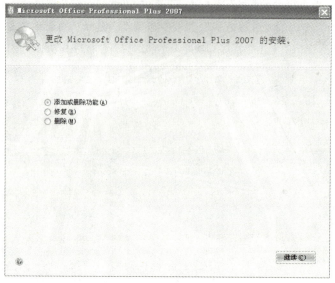

图5-28 "添加或修复"窗口

提示

在"当前安装的程序"列表中选中一个程序后,有时只显示出"卸载/更改"按钮,这表示该程序不能更改或修复,此时单击"卸载/更改"按钮可以对安装的程序进行卸载。

动手做4 卸载不用的软件

对于不再使用的应用程序,用户可以将其卸载,以释放更多的磁盘空间。卸载应用程序的具体步骤如下。

Step 01 在"开始"菜单中单击"控制面板"选项,打开"控制面板"窗口。

Step 02 在"控制面板"窗口的"查看方式"列表中选择"小图标"的查看方式。在"控制面板"窗口中单击"程序和功能"选项,打开"程序和功能"窗口。

Step 03 在"卸载或更改程序"列表中选择要删除的应用程序,单击"卸载/更改"或"卸载"按钮,系统会给出相应的提示,如图5-29所示。

Step 04 单击"卸载"按钮,开始卸载程序,如果单击"取消"按钮,则取消卸载。

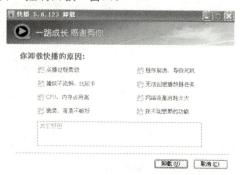

图5-29 卸载程序

教你一招

有些应用程序存在于"开始"菜单的软件包中,有一个卸载程序,如图5-30所示,用鼠标单击这个程序,就可启动该应用软件的卸载程序。

图5-30 在"开始"菜单中卸载程序

巩固练习

尝试卸载计算机中不用的软件。

知识拓展——绿色软件简介

绿色软件又称为可携式软件(Portable Application、Portable Software或Green Software),指一类小型软件,多数为免费软件,最大特点是软件无须安装便可使用,可存放于闪存中(因此称为可携式软件),移除后也不会将任何记录(注册表消息等)留在本机计算机上。通俗点讲绿色软件就是指不用安装、下载直接可以使用的软件。绿色软件不会在注册表中留下注册表键值,相对一般的软件来说,绿色软件对系统的影响几乎没有,所以是很好的一种软件类型。

绿色软件一般有如下特征。

- 不对注册表进行任何操作(或只进行非常少的,一般能理解的操作,典型的是开机启动。少数也进行一些临时操作,一般在程序结束前会自动清除写入的信息)。
- 不对系统敏感区进行操作,一般包括系统启动区根目录、安装目录(Windows目录)、程序目录(Program Files)、账户专用目录。
- 不向非自身所在目录外的目录进行任何写操作。
- 因为程序运行本身不对除本身所在目录外的任何文件产生任何影响,所以根本不存在安装和卸载问题。
- 只要把程序所在目录和对应的快捷方式删除就可以(如果用户手工在桌面或其他位置设了快捷方式),只要这样做了,程序就完全干净地从用户的计算机里删除了,不留任何垃圾。
- 不需要安装,随意复制就可以用(重装操作系统也可以)。

项目任务5-4 打开或关闭Windows功能

通常情况下,用户在安装Windows 7过程中,都使用Windows 默认的典型安装模式。在该安装模式下,只有一些最为常用和重要的功能被安装到用户计算机上。在使用过程中,用户可能需要使用Windows的另外的一些特殊用途的功能或需要关闭一些不需要的功能。关闭不需要的功能可以增加可使用的硬盘空间。

打开或关闭Windows功能的具体步骤如下。

Step 01 在"开始"菜单中单击"控制面板"选项,打开"控制面板"窗口。

Step 02 在"控制面板"窗口的"查看方式"列表中选择"小图标"的查看方式。在"控制面板"窗口中单击"程序和功能"选项,打开"程序和功能"窗口。

Step 03 单击窗口左侧的"打开或关闭Windows功能"选项,打开如图5-31所示的"Windows功能"窗口。在"功能"列表框中列出了Windows功能的安装信息,复选框被选中的功能表示该功能已经在安装Windows时安装了。

Step 04 在列表中选择要安装的Windows 功能,如果该功能有子选项,用户可以单击功能前面的 ⊞ 图标,然后进行选择。

Step 05 单击"确定"按钮,打开如图5-32所示的窗口,更改完毕窗口自动关闭。

图5-31 Windows 组件安装情况　　　图5-32 "Windows 更改功能"窗口

提示

如果要取消某种功能,则在"Windows功能"窗口取消某种功能的复选状态,然后单击"确定"按钮。

项目任务5-5 任务管理器的使用

探索时间

小王在使用QQ程序聊天时,QQ界面突然对小王的操作不做任何反应,此时小王可以采用哪种方法将QQ程序关闭?

动手做1 管理应用程序

任务管理器的作用非常大,可以通过它来查看计算机中当前正在运行的应用程序、进程和服务,有经验的用户可以通过任务管理器中运行的进程来辨别计算机中是否带有病毒。

如果在操作中发生程序无响应的情况,用户可以通过任务管理器关闭无响应的程序,具体步骤如下。

Step 01 在任务栏空白处右击,在弹出的菜单中选择"启动任务管理器"命令打开"Windows任务管理器"窗口,如图5-33所示。

Step 02 选择"应用程序"选项卡,其中显示了当前系统中正在运行的应用程序名称及状态,如果某个程序没有响应了(对用户操作不做任何反应),则可在"任务"列表中选择该程序,然后单击"结束任务"按钮,即可将该应用程序关闭。

Step 03 在"任务"列表中选择某一程序,如果单击"切换至"按钮,可以切换到与选择的应用程序对应的进程中。

动手做2　查看进程

在任务管理器中选择"进程"选项卡,这里显示了所有当前正在运行的进程,包括应用程序、后台服务等,那些隐藏在系统底层深处运行的病毒程序或木马程序都可以在这里找到,当然前提是要知道它的名称,如图5-34所示。

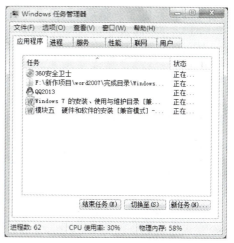

图5-33　"Windows任务管理器"窗口

通常用户要注意的进程有以下几个。
- 名字稀奇古怪的,如a123b.exe 等。
- 冒充系统进程的,如svch0st.exe 中间的是数字0而不是字母o。
- 占用系统资源大的。

如果用户对某个进程有疑问,可以在搜索引擎上搜索一下该进程名,通常就能得知是否属于恶意进程了。对于恶意进程,用户可以将其结束以提高计算机的性能,首先在进程列表中选择恶意进程,然后单击"结束进程"按钮。

图5-34　查看进程

在"进程"列表中使用鼠标右键单击一个进程,出现一个菜单,如图5-34所示。
- 结束进程:结束当前选定的进程。
- 结束进程树:通常一个应用程序运行后,还可能调用其他的进程来执行操作,这一组进程就形成了一个进程树(进程树可能是多级的,并非只有一个层次的子进程)。该应用程序称为父进程,其所调用的对象称为子进程。当结束一个进程树后,即表示同时结束了其所属的所有子进程。所以,当无法结束某一进程时可以尝试结束进程树。
- 设置优先级:如果用户同时运行了几个程序,看碟、杀毒软件在扫描病毒,或者还开着QQ等,且看碟觉得一卡一卡的,这时就可以用到设置优先级的选项了。在进程列表中找到播放器的对应进程,然后选择设置优先级,把播放器的优先级设置为高(让计算机优先处理该程序),试一试,影片不卡了吧。

提示

这种结束进程的方式将丢失未保存的数据,而且如果结束的是系统服务,则系统的某些功能可能无法正常使用。

Windows 7基础与应用

动手做3 查看性能

选择"性能"选项卡,如图5-35所示,这里显示了计算机资源的使用情况。CPU使用率表示当前使用到了CPU资源的百分之几。如果用户的CPU使用率长期太高,那表明可能存在以下问题。

- 计算机中病毒了。
- 某个软件出错了。
- 该升级计算机了。

巩固练习

1. 尝试使用任务管理器创建新的任务。
2. 使用任务管理器结束某个进程。

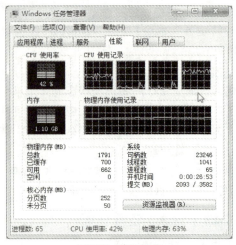

图5-35 查看性能

项目任务5-6 中文输入法的安装与使用

探索时间

小王的计算机中没有搜狗拼音输入法,而小王习惯使用这种输入法。小王应如何安装搜狗拼音输入法?

动手做1 安装输入法

Windows 7自带了多种中英文输入法,但只是安装了常用的几种,如果用户对这些输入法不习惯则可以安装自己习惯的输入法。

安装输入法的具体步骤如下。

Step 01 在"语言栏"图标 上右击,在出现的快捷菜单中选择"设置"命令,打开"文本服务和输入语言"对话框,如图5-36所示。

Step 02 在对话框中单击"添加"按钮,出现"添加输入语言"对话框,如图5-37所示。

Step 03 在"中文(简体,中国)"列表中选择一种输入法,如选择"简体中文双拼(版本6.0)"。

Step 04 单击"确定"按钮回到"文本服务和输入语言"对话框,然后单击"确定"按钮。

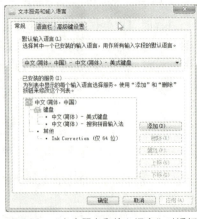

图5-36 "文本服务和输入语言"对话框

图5-37 "添加输入语言"对话框

提示

这种安装只能安装Windows 7自带的输入法,如果要安装其他的输入法,如五笔、搜狗拼音等输入法则需使用相应的软件进行安装。

动手做2 删除输入法

在"文本服务与输入语言"对话框中的"已安装的服务"列表中选择要删除的输入法,然后单击"删除"按钮,即可删除相应的输入法。

提示

用户删除一种输入法后,该输入法对应的文件并没有从硬盘上真正删除,只是从语言栏中删除了该项。删除的输入法可以再次通过"添加输入语言"对话框进行添加。

动手做3 切换输入法

默认情况下,刚进入到系统时出现的是英文输入法,用户可以使用鼠标单击"任务栏"右端的"语言栏"图标 ,弹出当前系统已装入的输入法菜单,如图5-38所示,单击要选择的输入法。

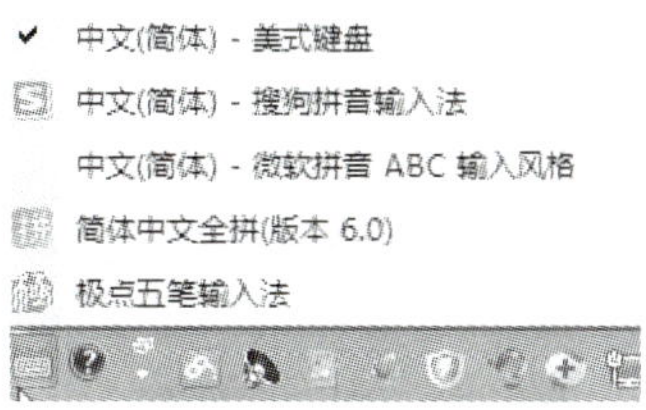

图5-38 选择输入法

教你一招

用户可以使用Shift+Ctrl"组合键在英文及各种中文输入法之间进行切换,用Ctrl+Space组合键可以在当前中文输入法和英文输入法之间切换。

提示

用户如果要在多个应用程序中输入汉字,则必须在每一个应用程序中启动所需要的输入法。

动手做4 认识输入法状态条

当打开一种输入法后,在屏幕左下方就会出现一个输入法状态条。图5-39所示为搜狗拼音输入法的状态条。

输入法状态条表示当前的输入状态,可以通过单击它们来切换输入状态。虽然每种输入法所显示的图标有所不同,但是它们都具有一些相同的组成部分,通过对输入法状态条的操作,可以实现各种输入操作。

- 中英文切换按钮:单击它可以在当前输入法和英文输入法之间进行切换。
- 全角/半角切换按钮:单击它可以在全角/半角文字的输入方式之间进行切换。全角方式是指输入的所有键盘字符和数字都是纯中文方式,数字、英文字母、标点符号需要占据一个汉字的宽度。在半角方式下数字、英文字母、标点符号则是英文方式,它们不占据一个汉字的宽度,如图5-40所示。

- 中英文标点符号切换按钮：单击它可以在中英文的标点符号间进行切换。
- 软键盘按钮：单击它出现软键盘，使用软键盘可以输入一些特定的符号。
- 菜单按钮：单击该按钮打开一个菜单，利用菜单用户可以对输入法进行设置。

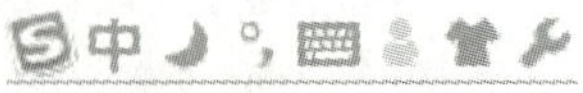

图 5-39　搜狗拼音输入法状态条

全角输入：Ａａ Ｂｂ Ｃｃ １ ２ ３
半角输入：AaBbCc123

图5-40　全角输入和半角输入

动手做5　中文输入

在使用不同的输入法输入汉字时具体的操作都会有差异，但无论是用哪种输入法输入时，都应先输入汉字的编码。例如，这里选择搜狗拼音输入法。

Step 01 首先输入汉字的编码，使用全拼输入法输入汉字就是要输入汉字的全部汉语拼音字母。输入汉字的编码后，屏幕上除了原有的输入法状态条外还会出现两个提示区：编码显示行和重码提示区，如图5-41所示。

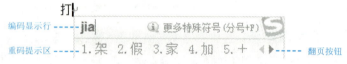

图5-41　编码显示行和重码提示区

编码显示行：显示用户从键盘上输入的汉字编码。当发现输入的编码有错误时，可以按Esc键清除编码显示行中的内容，重新输入正确的编码。

重码提示区：显示同一个编码下的不同汉字。由于一个读音可能对应多个汉字，因此在这种编码方式中，会产生许多“重码”，需要选择输入哪个汉字。通常情况下，拼音输入法会产生较多的重码。

Step 02 从重码提示区中选择所需要的汉字或词组：按该汉字或词组前面的数字键或用鼠标单击数字，相应的汉字就会出现在屏幕上。如果所需的汉字位于候选项的第一位，则按Space键就可输入该汉字或词组。

Step 03 重码翻页。当重码提示区中没有我们所需要的字词时，可以通过翻页操作查找。用户可以使用鼠标单击重码提示区右侧的“翻页”按钮进行翻页。

动手做6　标点输入

在英文输入方式下，输入的标点都是英文的。在中文输入方式下可以单击输入法状态条上的中英文标点符号切换按钮，在英文标点符号和中文标点符号间进行切换。

使用键盘用户可以输入大部分的中文标点符号，表5-1列出了中文标点符号对应的按键。

表5-1　中文标点对应的按键

中文符号	键盘按键	中文符号	键盘按键
。句号	.	、顿号	\
，逗号	,	《,》书名号	<,>
；分号	;	（,）括号	(,)
：冒号	:	……省略号	^
？问号	?	——破折号	_
！感叹号	!	—连接号	&
“”双引号	"	·间隔号	@
‘’单引号	'	〈,〉单书名号	<,>

巩固练习

1. 练习使用快捷键切换输入法。
2. 删除一种输入法，然后将其安装。

课后练习与指导

一、选择题

1. 关于硬件驱动程序说法下列正确的是（　　）。
   A．操作系统通过驱动程序才能控制硬件设备的工作
   B．硬件自动安装驱动的前提是Windows 7内置驱动库中有该硬件的驱动程序
   C．Windows附带的驱动程序比硬件生产商提供的驱动性能要高
   D．硬件的驱动程序可以在网上下载
2. 关于硬件驱动程序的安装下列说法正确的是（　　）。
   A．对于新发现的硬件如果驱动程序无法自动安装成功，Windows 7会给出提示
   B．USB设备是最容易连接到计算机的设备，因此这类设备均不需要安装驱动程序
   C．停运的硬件设备再次启用时需要重新安装驱动程序
   D．在卸载硬件时可以将其驱动程序一起卸载
3. 关于计算机软件下列说法正确的是（　　）。
   A．计算机软件可以分为操作系统和应用软件两大类
   B．应用软件的安装启动可以从光盘直接安装
   C．所有的应用软件在安装时都有安装向导
   D．应用软件的安装启动图标名称均为"Setup"
4. 关于计算机软件的卸载下列说法正确的是（　　）。
   A．在"程序和功能"窗口中选择某一程序，单击"更改/删除"按钮，则打开该软件的"添加或修复"窗口
   B．在"程序和功能"窗口中选择某一程序，单击"更改"按钮，则打开该软件的"添加或修复"窗口
   C．在"程序和功能"窗口中选择某一程序，单击"删除"按钮，则卸载该程序
   D．在"开始"菜单中也可以卸载程序
5. 下面关于任务管理器的说法正确的是（　　）。
   A．在任务管理器中可以关闭程序
   B．在任务管理器中可以切换程序
   C．在任务管理器中可以打开程序
   D．在任务管理器的"进程"选项卡中显示了后台服务
6. 关于输入法的安装下列说法正确的是（　　）。
   A．在"添加输入语言"对话框中用户可以安装所有的输入法
   B．在"添加输入语言"对话框中用户可以安装Windows 7自带的输入法
   C．五笔输入法可以在"添加输入语言"对话框中进行安装
   D．搜狗输入法应使用相应的软件进行安装

7. 在Windows 7默认环境中，用于中英文输入方式切换的组合键是（　　）。
   A．Alt+Space　　B．Shift+Space　　C．Ctrl+Space　　D．Alt+Tab
8. 在Windows 7默认环境中，在不同语言之间切换的组合键是（　　）。
   A．Ctrl+Tab　　B．Shift+Tab　　C．Ctrl+Shift　　D．Alt+Tab

二、填空题

1. ＿＿＿＿＿是一种可以使计算机和硬件设备通信的特殊程序，可以说相当于硬件的接口，操作系统只有通过这个接口，才能控制硬件设备的工作。
2. 在"系统属性"窗口中单击"＿＿＿＿＿"按钮，打开"设备管理器"窗口。
3. 在"设备管理器"窗口中，使用鼠标右键单击某一设备，在弹出的菜单中选择"＿＿＿＿＿"命令，可以禁用该设备。
4. 在"设备管理器"窗口中，使用鼠标右键单击某一设备，在弹出的菜单中选择"＿＿＿＿＿"命令，可以删除该设备。
5. 在"设备管理器"窗口中，使用鼠标右键单击某一设备，在弹出的菜单中选择"＿＿＿＿＿"命令，可以更新该设备的驱动程序。
6. 在"程序和功能"窗口单击窗口左侧的＿＿＿＿＿，将打开Windows功能窗口。
7. 使用鼠标右键单击任务栏空白处，在弹出的菜单中选择"＿＿＿＿＿"命令，打开"Windows任务管理器"窗口。
8. 在"语言栏"图标上右击，在出现的快捷菜单中选择"＿＿＿＿＿"命令，打开"文本服务和输入语言"对话框。

三、简答题

1. 在任务管理器中用户应注意哪些进程？
2. 安装USB接口打印机的基本方法是什么？
3. 如果用户的CPU使用率长期太高，则反映出计算机会存在哪些问题？
4. 如何关闭不需要的Windows功能？
5. 卸载软件有几种方法？
6. 安装输入法有几种方法？

四、实践题

练习1：使用任务管理器切换程序。
练习2：使用任务管理器关闭程序。
练习3：为计算机安装一个硬件并安装驱动。
练习4：在网上下载一个QQ软件将其安装。
练习5：卸载安装的QQ软件。
练习6：打开Windows 7的某一个Windows功能。

Windows 7基础与应用

模块 06 附件工具的使用

你知道吗？

在Windows 7操作系统中"开始"菜单的"附件"选项下有不少实用的小工具，许多都是我们常常使用到的，如计算器、写字板、截图、画图等。这些系统自带的工具虽然体积小巧、功能简单，但是却常常发挥很大的作用，让我们使用计算机更便捷、更有效率。

学习目标

- 计算器的使用
- 截图工具的使用
- 使用画图工具
- 写字板的使用

项目任务6-1 计算器的使用

探索时间

小王在制作一个科研报告时需要引用另外一篇文献中的数据，小王要把那篇文献中国外常用的重量单位磅转换为国内常用的重量单位千克，小王不太清楚磅和千克之间的转换率，小王的同事小明告诉他可以使用Windows 7的计算器来进行转换，小王应如何操作计算器才能进行转换？

动手做1 标准计算

在"开始"菜单中将鼠标指向"所有程序"，打开"所有程序"菜单，然后选择"附件"选项下的"计算器"命令，就可以打开计算器了，如图6-1所示。这是最常用也是最简单的模式，用户可以用来进行加减乘除、开方倒数的计算。

例如，进行一个乘法的计算，基本方法如下。

Step 01 在"数字"面板中单击数字，如单击89。
Step 02 单击"运算符"按钮，这里单击"乘号"按钮。
Step 03 在"数字"面板中单击运算符后面的数字，如单击98。
Step 04 单击＝，即可得到计算结果。

在标准计算模式中用户需要注意以下两点。

图6-1 计算器窗口

- CE/C：CE表示Clear Error，是指用户清除当前的错误输入；而C表示Clear，是指清除整个计算。例如，用户输入1+2之后，单击CE按钮会清除第二个参数2，用户可以继续输入其他数和第一个参数1相加。而单击C按钮则整个删除1+2这个计算，用户需要重新开始一个计算。
- MC/MR/MS/M+/M-：M表示Memory，是指一个中间数据缓存器；MC=Memory Clear；MR=Memory Read；MS=Memory Save；M+=Memory Add；M-=Memory Minus。例如，计算(7-2)×(8-2)，先输入7，单击MS按钮保存，输入2，单击M-按钮与缓存器中的7相减，此时缓存器中的值为5；然后计算8-2，得出结果为6，单击"乘号"按钮相乘，单击MR按钮读出之前保存的数5，单击=按钮得出结果30，算完后单击MC按钮清除缓存器。

动手做2 科学计算

科学计算是标准模式的扩展，主要是添加了一些比较常用的数学函数。例如，使用科学计算计算sin30°的值，基本方法如下。

Step 01 用鼠标左键单击计算器的"查看"按钮，打开"查看"菜单，如图6-2所示。

Step 02 在"查看"菜单中选择"科学型"命令，则计算器变为如图6-3所示的效果。

Step 03 在"十进制、角度"方式下先输入30，然后单击sin按钮即得到结果值为0.5，如图6-3所示。

图6-2 计算器的"查看"菜单

图6-3 科学计算

在科学计算模式中用户需要注意以下两点。
- 对于需要一个输入参数（x）的函数，一般先输入参数，再单击"函数"按钮进行计算；对于有两个参数的函数（x,y），一般先输入x参数，单击"函数"按钮，再输入第二个参数，单击"="按钮进行计算。
- Log与Ln的底是不同的，Log函数的底是10，Ln的底是e。
- dms表示Degree-Minute-Second，对一个以小数表述的角度用度分秒的形式来表示，如22.5用dms表示就是22.30。

动手做3 使用单位换算

使用单位换算功能可以将值从一种度量单位转换成另一种度量单位，完成各种度量单位的转换。例如，将磅转换为千克，基本方法如下。

Step 01 用鼠标左键单击计算器的"查看"按钮，打开"查看"菜单。

Step 02 在"查看"菜单中选择"单位转换"命令，则计算器变为如图6-4所示的效果。

Step 03 在"选择要转换的单位"类型下，单击三个下拉列表框以选择要转换的单位类型，如这里选择"重量/质量、磅、千克"。

Step 04 在"从"文本框中,输入要转换的数值,如这里输入200,则在"到"文本框中会显示出转换的数值,如图6-4所示。

图6-4 单位换算

动手做4 使用工作表

当有一些用户需要计算汽车租金、抵押额和油耗时,也可以利用计算器来计算,这里以油耗计算为例,基本方法如下。

Step 01 用鼠标左键单击计算器的"查看"按钮,将鼠标指向"工作表"出现一个子菜单,如图6-5所示。

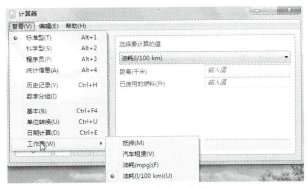

图6-5 工作表子菜单

Step 02 在"工作表"子菜单中选择"油耗"命令,则计算器变为如图6-6所示的效果。
Step 03 在"选择要计算的值"下拉列表框中选择要计量的值,如这里选择"油耗"。
Step 04 在"距离"文本框中输入车子行驶的距离,在"已使用的燃料"文本框中输入燃料的使用量。
Step 05 单击"计算"按钮,即可计算出油耗,如图6-6所示。

图6-6 计算油耗

巩固练习

1. 使用计算器的单位转换功能计算15海里等于多少千米。
2. 使用计算器计算5的3次方的值。

项目任务6-2 截图工具的使用

探索时间

小王在编辑文档时需要截取一个网页窗口作为文档中的图片,但是小王的计算机上没有安装截图软件,他应如何截取需要的图片。

Windows 7屏幕截图是我们在操作计算机时较为常用的工具,所以,在如QQ等聊天工具、浏览器、图像处理软件、影音播放器里,大多附带了截图功能。在微软Windows 7系统里,同样也附带了屏幕截图这一功能。在Windows 7用户可以使用系统自带的截图工具,随心所欲地按任意形状进行截图。

使用Windows 7屏幕截图工具的基本方法如下。

Step 01 在"开始"菜单中将鼠标指向"所有程序",打开"所有程序"菜单,然后选择"附件"选项下的"截图工具"命令,打开截图工具。单击"新建"按钮旁边的箭头,打开一个列表,如图6-7所示。

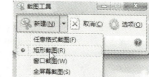

Step 02 从列表中选择"矩形截图"选项,此时整个屏幕就像被蒙上一层白纱,此时按住鼠标左键,拖动鼠标绘制一个矩形,然后松开鼠标,打开如图6-8所示的窗口。

图6-7 选择截图的形状

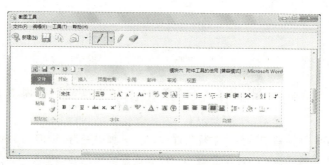

图6-8 矩形截图

Step 03 单击"文件"按钮,打开"文件"菜单,如图6-9所示。

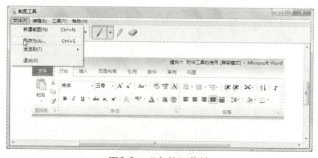

图6-9 "文件"菜单

Step 04 在"文件"菜单中选择"另存为"命令,打开"另存为"对话框,如图6-10所示。

Step 05 在对话框中选择文件的保存位置,在"文件名"输入框中输入文件名,在"保存类型"下拉列表框中选择文件的保存类型,单击"保存"按钮。

Step 06 在截图工具的"文件"菜单中选择"新建截图"命令,创建一个新的截图。单击"新建"按钮旁边的箭头,在列表中选择"任意格式截图"选项。按住鼠标左键,拖动鼠标绘制一条围绕截图对象的不规则线条,然后松开鼠标,任意形状的截图就完成了,如图6-11所示。

图6-10 "另存为"对话框

图6-11 任意形状的截图

Step 07 单击"笔"按钮右侧的箭头,在列表中选择一种笔,然后使用笔在截图工具窗口中任意涂画,如图6-12所示。

Step 08 单击"复制"按钮,将图片复制到系统剪贴板中,然后切换到文档中,按下Ctrl+V组合键,将图片粘贴到文档中。

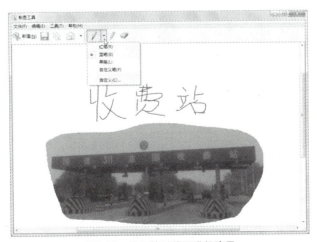

图6-12 使用笔对截图进行涂画

项目任务6-3 使用画图工具

探索时间

在平时的工作或学习中使用过画图程序么？想一想画图程序都有哪些基本功能？

动手做1 启动画图程序

在Windows 7中，系统自带了一个绘图程序，就是"画图"。相比于Windows XP等老系统，Windows 7的画图工具改进了不少，如菜单类似于Office的Ribbon风格界面。很显然，画图程序的主要功能就是图片处理，一些简单的如裁剪、图片的旋转、调整大小等，根本无须动用Photoshop这样的大型程序，使用Windows 7画图就能轻松实现。

在"开始"菜单中将鼠标指向"所有程序"，打开"所有程序"菜单，然后选择"附件"选项下的"画图"命令，打开画图工具，它的工作界面如图6-13所示。

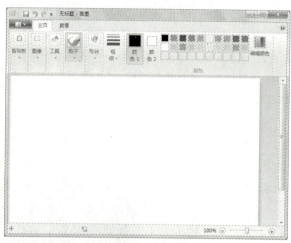

图6-13 画图的工作界面

动手做2 设置绘图区大小

当用户初次启动"画图"程序时，Windows将根据用户屏幕的显示能力和可用内存大小，设置一个适当的默认绘图区大小。如果默认的绘图区不能满足用户绘图的需要，可以调整其大小。

调整绘图区大小最简单的方法是将鼠标指向绘图区域边缘上的白色小框上，然后按住鼠标拖到所需的尺寸，如图6-14所示。

图6-14 利用鼠标拖动调整绘图区大小

用户也可以在对话框中调整绘图区大小，具体步骤如下。

Step 01　单击"画图"界面左上方向下的箭头按钮，打开"画图"主菜单，如图6-15所示。

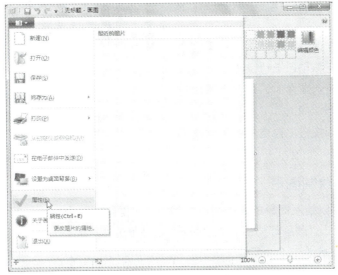

图6-15　"画图"主菜单

Step 02　在菜单中选择"属性"命令，打开"映像属性"对话框，如图6-16所示。

Step 03　在"单位"区域选择绘图区高度和宽度的度量单位，在"宽度"和"高度"文本框中输入绘图区高度和宽度的具体数值。

Step 04　在"颜色"区域设置绘图区的颜色，如果选择"彩色"则在绘图区可用多种彩色色彩绘图，如果选择"黑白"则在绘图区只能使用黑白两种色彩绘图。

Step 05　单击"确定"按钮。

图6-16　设置绘图区大小

提示

在进行了绘图区的大小设置后，下次再打开画图程序时，画图将采用此设置的大小。

动手做3　调配颜色

如果用户觉得画图提供的颜色不能满足工作的需要，可以调配调色板中的颜色使画图工具能满足用户的需要。

在调色板中提供了20种颜色供用户使用，实际上系统提供了更多的颜色供用户使用，如果这20种颜色不能满足需要，用户可以选择系统提供的其他颜色来使用。具体操作步骤如下。

Step 01　在画图程序中单击"编辑颜色"按钮，打开"编辑颜色"对话框，如图6-17所示。

Step 02　在"基本颜色"区域选择一种颜色，单击"确定"按钮，则选中的颜色被添加到"颜色"区域。

Step 03 用户可以在"红"、"蓝"、"绿"文本框中输入颜色的值来调配颜色,最低成分为0,最高成分为255。例如,黑色使用0单位红色、0单位绿色和0单位蓝色。

Step 04 用户也可以在调色区域单击鼠标来选中颜色,然后拖动右侧的滚动条进行微调。

Step 05 当对调配的颜色满意时,单击"添加到自定义颜色"按钮将它添加到自定义颜色区域。

Step 06 单击"确定"按钮,自定义的颜色被添加到颜色区域。

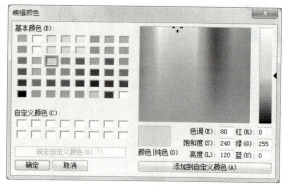

图6-17 "编辑颜色"对话框

动手做4 绘制图形

使用画图工具可以绘制简单的二维图形。例如,这里绘制一个小鸭,基本操作步骤如下。

Step 01 用鼠标左键单击"颜色2"按钮,在"颜色"区域单击"青绿色",将背景色设置为青绿色。

Step 02 在"工具"区域单击"油漆桶"按钮,然后在中间白纸上右击,把绘图区域喷成青绿色背景,如图6-18所示。

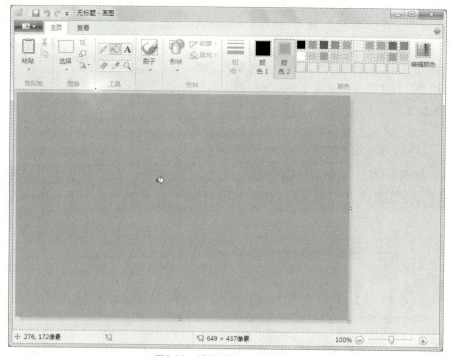

图6-18 设置绘图区背景颜色

Step 03 在"形状"下拉列表框中选择"椭圆形"选项,在"粗细"下拉列表框中选择"1px"选项。

Step 04 用鼠标左键单击"颜色1"按钮,在"颜色"区域单击"黑色",在纸上画两个椭圆,作为小鸭的头和身子,如图6-19所示。

Step 05 在"工具"区域单击"油漆桶"按钮,用鼠标左键单击"颜色1"按钮,在"颜色"区域单击"黄色",单击鼠标左键在两个椭圆中间喷上黄色,如图6-20所示。

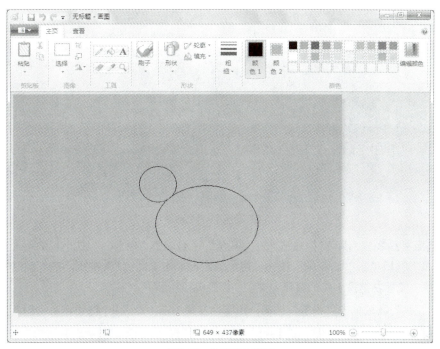

图6-19　绘制两个椭圆

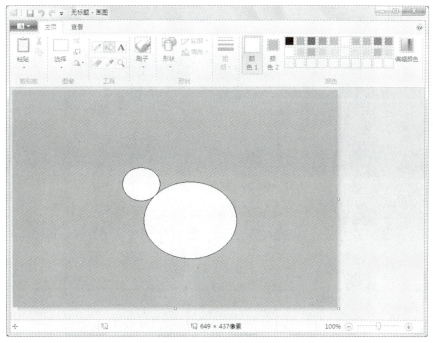

图6-20　为椭圆填充黄色

Step 06　再利用椭圆工具，画一个小圆喷上黑色作为眼睛。

Step 07　在"工具"区域单击"刷子"按钮，用鼠标左键单击"颜色1"按钮，在"颜色"区域单击"黄色"，用刷子工具把小鸭的眼睛点出来，如图6-21所示。

Step 08　在"形状"下拉列表框中选择"直线"选项，在"粗细"下拉列表框中选择"1px"选项。

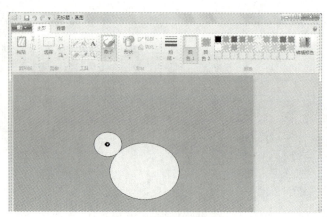

图6-21 绘制小鸭的眼睛

Step 09 用鼠标左键单击"颜色1"按钮,在"颜色"区域单击"黑色",在小鸭的头上绘制小鸭的嘴。在"工具"区域单击"油漆桶"按钮,用鼠标左键单击"颜色1"按钮,在"颜色"区域单击"黄色",单击鼠标左键将小鸭的嘴喷上黄色,如图6-22所示。

Step 10 在"工具"区域单击"铅笔"按钮,用鼠标左键单击"颜色1"按钮,在"颜色"区域单击"黑色",用铅笔对小鸭进行修饰,最终效果如图6-23所示。

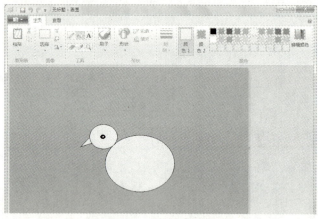

图6-22 绘制小鸭的嘴

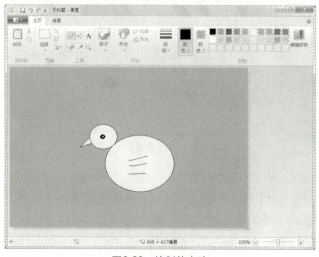

图6-23 绘制的小鸭

动手做5　保存文件

对图形编辑完成后,用户可以将它保存起来,具体步骤如下。

Step 01　单击"画图"界面左上方向下的箭头按钮,打开"画图"主菜单,在菜单中单击"保存"命令,打开如图6-24所示的"保存为"对话框。

Step 02　在"文件名"输入框中输入文件的名称,这里输入"小鸭"。

Step 03　在"保存类型"下拉列表框中选择要保存的文件格式。

Step 04　在对话框中选择文件的保存位置。

Step 05　单击"保存"按钮。

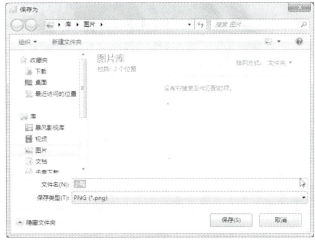

图6-24　"保存为"对话框

动手做6　旋转或翻转图形

利用画图工具,用户可以对图片进行旋转或翻转的操作。例如,将刚才绘制的小鸭翻转90°,具体操作步骤如下。

Step 01　在"图像"区域中单击"旋转或翻转"按钮,打开"旋转或翻转"下拉菜单,如图6-25所示。

Step 02　在菜单中选择"水平翻转"命令,则图像水平翻转的效果如图6-25所示。

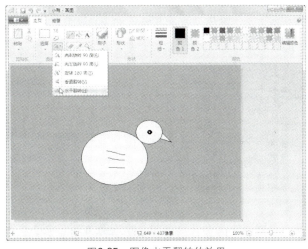

图6-25　图像水平翻转的效果

动手做7　缩放图形

在编辑图形时，有时会对图形的局部要求较高，如果在常规尺寸的情况下局部的尺寸略小不易编辑，此时可以采用放大图形的方法对局部进行编辑。

在"工具"区域单击"放大镜"按钮，此时鼠标显示为一个方形的工具，将方形工具指向图像中需要放大的位置，单击鼠标左键，则放大图像，如图6-26所示。

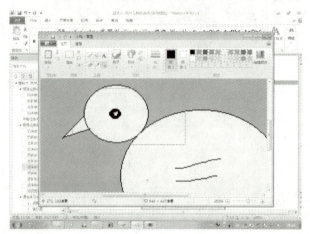

图6-26　放大图像

 提示

选中放大镜工具后，右击则缩小图像。

动手做8　调整图片大小

在Windows 7中，画图工具不仅可以绘图，还可以调整整个图像、图片中某个对象或某部分的大小。调整图片大小的基本方法如下。

Step 01 打开"画图"窗口，单击"画图"界面左上方向下的箭头按钮，打开"画图"主菜单，在菜单中选择"打开"命令，打开如图6-27所示的"打开"对话框。

图6-27　"打开"对话框

Step 02 在对话框中选择要打开的图片，单击"打开"按钮，在"画图"窗口中把图片打开，如图6-28所示。

图6-28 在"画图"窗口中打开图片

Step 03 在"图像"区域单击"调整大小和扭曲"按钮，打开"调整大小和扭曲"对话框，如图6-29所示。

Step 04 在"调整大小和扭曲"对话框的"重新调整大小"区域，可以选中"像素"单选按钮，然后在"水平"文本框中输入新宽度值，在"垂直"文本框中输入新高度值。

Step 05 单击"确定"按钮。

图6-29 "调整大小和扭曲"对话框

 提示

在调整图片大小时，需要选中"保持纵横比"复选框，这样调整大小后的图片将保持与原来相同的纵横比，不至于图片与原图产生效果偏差。

动手做9 扭曲图像

在Windows 7中，画图工具还可以通过扭曲调整，让图像变得更有趣。扭曲图形的基本方法如下。

Step 01 在画图工具中打开要扭曲的图像。

Step 02 在"图像"区域单击"调整大小和扭曲"按钮，打开"调整大小和扭曲"对话框。

Step 03 在"调整大小和扭曲"对话框的"倾斜"区域的"水平"文本框中填入数值，在"垂直"文本框中填入数值（如各填入20）。

Step 04 单击"确定"按钮，即可以扭曲图片，使之看起来呈倾斜状态，如图6-30所示。

※ 动手做10　编辑图片

画图程序除了可以绘制一些简单的图形外，还可以作为编辑器，对一些图片进行编辑，如移动、复制等操作。

例如，在给定的图片中选择一个规则区域，复制到另一个图片中，基本方法如下。

Step 01 在画图工具中打开要扭曲的图像。

Step 02 在"图像"区域单击"选择"按钮下方的箭头，打开"选择"下拉菜单，如图6-31所示。

图6-30　扭曲图片效果

图6-31　"选择"下拉菜单

Step 03 单击菜单中的"矩形选择"按钮，然后在图片上拖动鼠标，将要选择的区域画出一个闭合区域，松开鼠标，出现一个矩形选择框，如图6-32所示。

图6-32　选择矩形区域

Step 04 选定图片的区域后,单击"剪贴板"区域的"复制"按钮,将选中的图像复制到剪贴板中。

Step 05 切换到另外一个画图文件,单击"剪贴板"区域的"粘贴"按钮,将图像粘贴到画图文件中,如图6-33所示。

Step 06 将鼠标指向绘图区域右下角边缘上的白色小框上,然后按住鼠标拖动调整绘图布的大小。

Step 07 单击"画图"界面左上方向下的箭头按钮,打开"画图"主菜单,在菜单中选择"保存"命令,将图片保存。

图6-33 复制图像

巩固练习

1. 使用画图工具绘制简单的图形。

2. 将一张图片导入到画图工具中,对图片进行裁剪只保留图片的一部分,最后保存所做的修改。

知识拓展——ACDSee简介

ACDSee是目前非常流行的看图工具之一。它提供了良好的操作界面,简单人性化的操作方式,优质的快速图形解码方式,支持丰富的图形格式,强大的图形文件管理功能等。大多数计算机爱好者都使用它来浏览图片,它的特点是支持性强,能打开包括ico、png、xbm在内的20多种图像格式,并且能够高品质地快速显示它们,甚至近年在互联网上十分流行的动画图像档案都可以利用ACDSee来欣赏。

ACDSee 本身也提供了许多影像编辑的功能,包括数种影像格式的转换,可以借由档案描述来搜寻图档,简单的影像编辑,复制至剪贴簿,旋转或修剪影像,设定桌面,并且可以从数码相机输入影像。另外ACDSee 有多种影像列印的选择,还可以在网络上分享图片,透过网际网络来快速且有弹性地传送拥有的数位影像。

图6-34所示的是ACDSee 10的主界面。在主界面左侧的"文件夹"列表中选择指定的文件夹后,在中间窗口中就会显示出该文件夹中所有图片的缩略图;将鼠标指向图片,图片将会

被放大显示；单击图片，在"文件夹"列表框下方的"预览"区域可以对该图片进行预览，双击图片便可进行详细浏览。

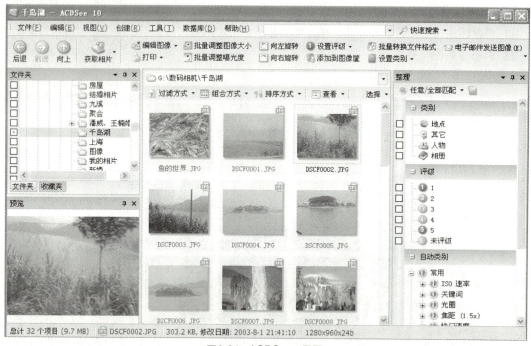

图6-34 ACDSee 界面

ACDSee带有简单的图像编辑功能，可以对图片进行简单的处理，ACDSee提供了曝光、阴影/高光、色彩、红眼消除、相片修复、清晰度等基本的编辑功能。在图片上右击，在快捷菜单中选择"编辑"命令，则进入图片的编辑窗口，如图6-35所示。

（1）曝光。图片的亮暗不满足要求或为了某种效果，往往要改变图片的曝光量。单击"编辑图片"窗口的"编辑面板：主菜单"中的"曝光"选项，打开"编辑面板：曝光"窗口，设置"曝光"、"对比度"、"填充光线"等选项卡的具体内容，可以改变图片的光线强度。

（2）阴影/高光。单击"编辑图片"窗口的"编辑面板：主菜单"中的"阴影/高光"选项，打开"编辑面板：阴影/高光"窗口，在左侧分别拖动调亮与调暗滑块，就可以在右侧的预览窗口看到对应的颜色变化。

（3）颜色。单击"编辑图片"窗口的"编辑面板：主菜单"中的"颜色"选项，打开"编辑面板：颜色"窗口，用户可以通过设置"HAL"、"RGB"、"色偏"进行调整，也可以通过"自动颜色"完成图像的自动调整。

（4）裁剪。裁剪是最常用的编辑功能，如将扫描后图像的黑边去掉。单击"编辑图片"窗口的"编辑面板：主菜单"中的"裁剪"选项，打开"编辑面板：裁剪"窗口，用鼠标拖动调整框及控制点就可以得到相应的效果，当然也可以在面板中输入具体的数值。

（5）调整大小：单击"编辑图片"窗口的"编辑面板：主菜单"中的"大小"选项，打开"编辑面板：大小"窗口，在调整图片大小时，可以采取按像素调整、按百分比调整和按实际大小调整三种方式进行，如需要保持原图片的宽、高比例，可选择"保持宽高比"选项。

（6）红眼消除。如果数码相机没有开启去除红眼功能，拍出来的人物可能有红眼现象，这时可以利用ACDSee来进行消除。单击"编辑图片"窗口的"编辑面板：主菜单"中的"红眼消除"选项，打开"编辑面板：红眼消除"窗口，在"填充颜色"下拉列表框中选择去除红眼后的颜色，然后在图片中人物眼睛处用鼠标拖动的方法选择人物的眼睛，再通过改变数量值达到去除红眼的目的。

图6-35　图片的编辑窗口

（7）旋转/翻转：从数码相机中拍摄的素材或扫描仪获得的图片会出现角度不合适的情况，此时就需要将图像进行旋转。单击"编辑图片"窗口的"编辑面板：主菜单"中的"旋转"选项，打开"编辑面板：旋转"窗口，用户可以通过"旋转"和"翻转"选项卡对图片进行旋转或翻转的操作。

（8）添加文本。单击"编辑图片"窗口的"编辑面板：主菜单"中的"添加文本"选项，打开"编辑面板：添加文本"窗口，在面板中用户可以输入添加的文本并对文本选项进行设置。

项目任务6-4　写字板的使用

探索时间

小王的计算机中没有安装专业的文字处理软件，他想用写字板程序撰写一个寻人启事，然后打印张贴。小王使用写字板程序撰写寻人启事时大体上需要哪些步骤？

动手做1　打开写字板

在Windows 7中，系统自带了一个字处理程序，就是"写字板"。使用写字板可以处理一些简单的文件，如起草一份通知，书写一个工作总结等。在计算机上没有安装专业的字处理软件的情况下，写字板无疑是一个有用的工具。

在"开始"菜单中将鼠标指向"所有程序"，打开"所有程序"菜单，然后单击"附件"选项下的"写字板"命令，打开写字板，它的工作界面如图6-36所示。

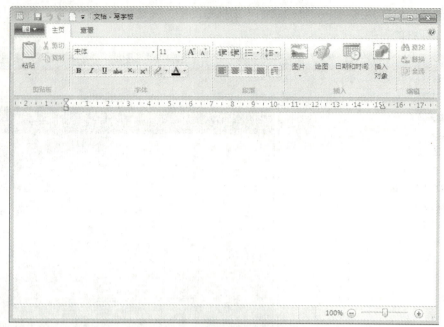

图6-36 写字板的工作界面

动手做2 输入文本

启动写字板后,会出现一个空白的写字板供用户输入文字等内容,在空白的写字板中有一个插入点在闪烁,这表示在此可以输入中文、英文、标点符号、数字等内容。

在写字板中用户可以使用熟悉的输入法输入文本、标点符号、数字等内容,在输入文本时光标插入点自动向右移动,当录入的文本到达写字板的右边界时,会自动转到下一行的行首。当一个段落的文本录入结束之后,按 Enter 键可以实现下一个段落的开始。

图6-37所示为一个输入了内容的写字板。

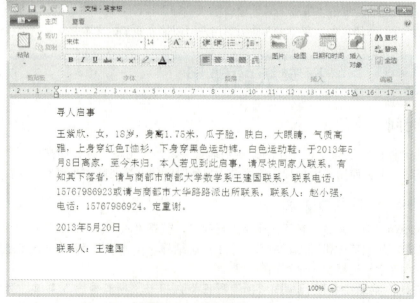

图6-37 在写字板中输入内容

动手做3　选定文本

选定操作是用户经常要执行的一个基本操作，只有先选定文本后用户才能对选定的文本进行复制、移动、改变字体等一系列的操作。

使用鼠标选定文本是最常用的方法，具体方法如下。

Step 01　把鼠标光标指向要选定的文本开始处。例如，把鼠标光标指向"2013年5月20日"的"2013"的前面，然后单击鼠标，可以发现光标在"2013"前闪烁。

Step 02　按住鼠标左键并扫过要选定的文本，当拖动到选定文本的末尾时，松开鼠标左键。用户可以看到被选定的文本以黑底白字显示，如图6-38所示。

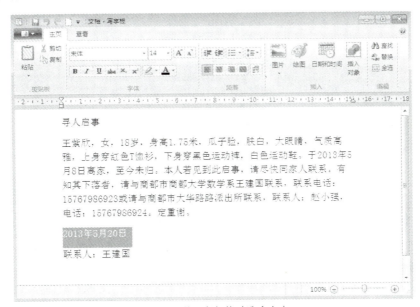

图6-38　使用鼠标拖动选定文本

教你一招

如果用户要选定写字板中的整篇文档，可以选择"编辑"菜单中的"全选"命令。

动手做4　移动文本

移动文本也是用户经常使用的操作之一，移动文本就是将选定的文本从当前位置移动到另外一个位置。

在移动文本时用户可以使用鼠标拖动的方法来移动，使用鼠标拖动方法移动文本的具体步骤如下。

Step 01　选定要移动的文本。

Step 02　将鼠标指针指向选定文本，按住鼠标左键，指针将变成箭头下带一个矩形的形状，同时还会出现一条虚线插入点，如图6-39所示。

Step 03　拖动鼠标时，虚线插入点表示要移动的目标位置，松开鼠标左键，被选定的文本就从原来的位置移动到了新的位置。

用户还可以使用命令的方法来移动文本，使用命令移动文本的具体步骤如下。

Step 01 选定要移动的文本。
Step 02 在"剪贴板"区域单击"剪切"按钮。
Step 03 把插入点移到需要的地方，在"剪贴板"区域单击"粘贴"按钮，则被选定的文本被移到了新的位置。

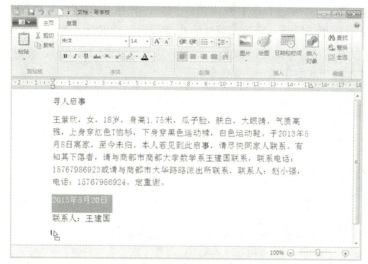

图6-39　使用鼠标移动文本

动手做5　复制文本

在文档的输入过程中，可能会有相同的内容或者类似的内容。在这种情况下用户可以使用复制功能将这些相同的内容复制到需要的地方，这样可以提高录入的速度，提高工作效率。

在复制文本时用户可以使用命令来复制文本，使用命令复制文本的具体步骤如下。

Step 01 选定要复制的文本。
Step 02 在"剪贴板"区域单击"复制"按钮。
Step 03 把插入点移动到想粘贴的位置，在"剪贴板"区域单击"粘贴"按钮，用户就可以看到选定的内容被复制到了目的地。

提示

对于复制操作，用户除了可以复制同一篇文档中的内容外，还可以使用剪贴板将其他文件中的内容复制到当前文档中。

动手做6　设置字体格式

在一篇文档中用户可以对文本的字体和字号进行设置，设置字体格式可以使文字的效果更加突出。例如，对标题使用不同的字体和字号可以使标题醒目并且使文档结构一目了然。设置字体的基本步骤如下。

Step 01 选定要设置字体的文本，如选定标题"寻人启事"。
Step 02 单击"字体"区域的"字体"右侧的箭头，打开"字体"列表，在"字体"列表中选择需要的字体，如选择"黑体"，如图6-40所示。
Step 03 单击"字体"区域的"字号"右侧的箭头，打开"字号"列表，在"字号"列表中选择需要的字号，如选择"36"，如图6-41所示。

图6-40 "字体"列表

图6-41 "字号"列表

Step 04 选中除标题以外的全部文本。

Step 05 单击"字体"区域的"字体"右侧的箭头，打开"字体"列表，在"字体"列表中选择需要的字体，这里选择"黑体"。

Step 06 单击"字体"区域的"字号"右侧的箭头，打开"字号"列表，在"字号"列表中选择需要的字号，如选择"18"。

Step 07 设置字体后的效果如图6-42所示。

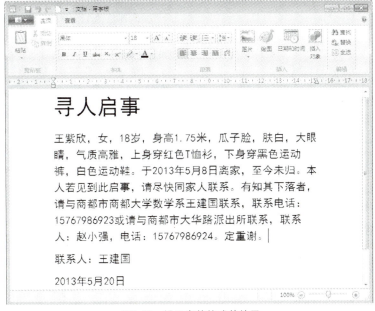

图6-42 设置字体格式的效果

动手做7　设置段落格式

写字板为段落提供了向左对齐、向右对齐、居中和对齐四种对齐方式，用户可以根据具体的情况对不同的段落使用不同的对齐方式。例如，用户可以让文档的标题居中对齐，正文段落左对齐，落款右对齐等，这样编排出的文档层次分明结构清晰。

设置段落对齐的具体步骤如下。

Step 01　把插入点定位标题段落中。

Step 02　单击"段落"区域的"居中"按钮 ≡，则标题居中对齐。

Step 03　选中"联系人"和"落款日期"两个段落，单击"段落"区域的"右对齐"按钮 ≡，则选中段落右对齐，如图6-43所示。

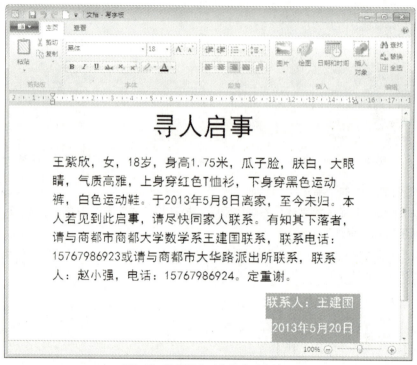

图6-43　设置居中对齐和右对齐效果

Step 04　选中寻人启事的正文段落，单击"段落"区域的"段落"按钮，打开"段落"对话框，如图6-44所示。

Step 05　在对话框中的"缩进"区域的"首行"文本框中输入"0.75 厘米"。

Step 06　在"行距"下拉列表框中选择"1.50"。

Step 07　设置完毕，单击"确定"按钮，即可发现寻人启事的正文段落首行缩进了"0.75 厘米"，并且正文的行距也变为1.5，如图6-45所示。

图6-44　"段落"对话框

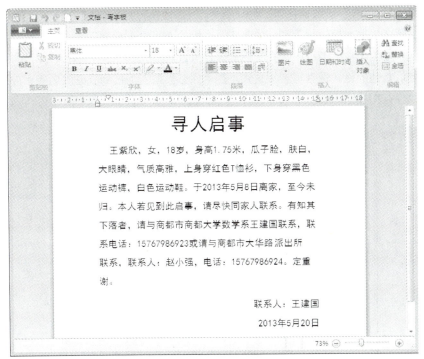

图6-45　设置首行缩进的效果

动手做8　页面设置

在打开写字板时，已经默认了纸张、纸的方向、纸张的页边距等选项，为了避免在打印时文档的纸张和打印机的纸张类型不符，用户应该根据打印机纸张的情况对文档的纸张类型进行设置，并同时对页面边距进行调整。

如果要调整页面可以按照以下步骤进行。

Step 01　单击"写字板"界面左上方向下的箭头按钮，打开"写字板"主菜单，在菜单中选择"页面设置"命令，打开"页面设置"对话框，如图6-46所示。

Step 02　在"纸张"区域的"大小"下拉列表框中选择需要的纸张类型，这里选择"B5"。

Step 03　在"方向"区域选择纸张打印的输出方式，是纵向还是横向，这里选择"纵向"。

Step 04　在"页边距"区域输入所需的边距数值，这里在"左"、"右"、"顶部"、"底部"文本框中均输入30。

Step 05　单击"确定"按钮。

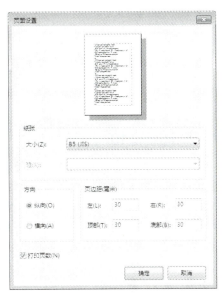

图6-46　"页面设置"对话框

动手做9　保存文件

在完成对一篇文档的编辑后，用户可以将该文件保存。保存文件的具体步骤如下。

Step 01　单击"写字板"界面左上方向下的箭头按钮，打开"写字板"主菜单，在菜单中选择"保存"命令,打开"另存为"对话框,如图6-47所示。

Step 02 在"文件名"输入框中输入文件的名字,这里输入"寻人启事"。

Step 03 在"保存在"下拉列表框中选择文件的保存位置。

Step 04 如果要以其他的格式保存写字板文件,在"保存类型"下拉列表框中选择相应的类型。

Step 05 单击"保存"按钮。

图6-47 "另存为"对话框

提示

对于保存过或者打开的写字板文件,用户对其进行了编辑后,若要保存可直接单击"格式"工具栏上的"保存"按钮,或在"文件"主菜单中选择"保存"命令,此时不会打开"另存为"对话框,写字板文件会以用户原来保存的位置进行保存,并且将以修改过的内容覆盖掉原来文档的内容。

动手做10 打印文件

文件编辑好后,如果计算机与打印机相连,用户还可以对文件进行打印,打印文件的具体步骤如下。

Step 01 单击"写字板"界面左上方向下的箭头按钮,打开"写字板"主菜单,在菜单中选择"打印"命令,打开如图6-48所示的"打印"对话框。

Step 02 在"页面范围"选项区域选择打印的范围,可以选择"全部"也可选择具体的页数。

Step 03 如果需要打印多份文件,可在"份数"数值选择框中输入具体的数值,在打印多份文件时最好选中"自动分页"复选框。

Step 04 设置完毕,单击打印按钮。

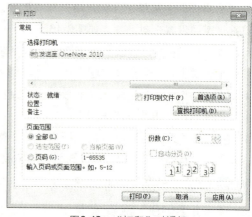

图6-48 "打印"对话框

课后练习与指导

一、选择题

1. 下列哪种类型是Windows 7计算器的计算类型？（   ）
   A．标准型　　　B．科学型　　　　　C．程序员　　　　　D．统计信息
2. 计算函数应在下列哪种类型中进行？（   ）
   A．标准型　　　B．科学型　　　　　C．程序员　　　　　D．统计信息
3. 使用Windows 7的截图工具可以执行以下哪种操作？（   ）
   A．选定控件　　B．矩形截图　　　　C．窗口截图　　　　D．全屏截图
4. 关于画图工具下列说法正确的是（   ）。
   A．在画图工具中用户可以自己调配颜色
   B．在画图工具中用户只能自己绘制图形，不能导入图像
   C．画图工具可以将文件保存为多种图片格式
   D．在画图工具中不能对图像进行翻转
5. 关于写字板工具下列说法正确的是（   ）。
   A．在写字板中用户可以对文字的格式进行简单设置
   B．在写字板中用户可以对段落的格式进行设置
   C．在写字板中用户不能对页面进行设置
   D．在写字板中用户不能插入图片

二、填空题

1. CE表示Clear Error，在计算器中清除用户当前的错误输入应单击_____按钮；如果要清除整个计算应单击_____按钮。
2. 在计算器中使用单位换算功能应在"_____"菜单中进行选择。
3. Windows 7截图工具默认的截图方式是_____。
4. 在画图工具的"_____"区域中单击"_____"按钮，用户可以执行对图像进行旋转180°的操作。
5. 在画图工具的"_____"区域单击"_____"按钮，可以打开"调整大小和扭曲"对话框，在对话框中用户可以调整图像的大小。
6. 在写字板工具中单击"_____"区域的"_____"按钮，可以设置段落居中，单击"_____"按钮，则会打开"段落"对话框。
7. 在写字板的"_____"对话框中用户可以设置页边距。
8. 在写字板"_____"区域的"_____"列表中用户可以设置字体格式，在"_____"区域的"_____"列表中用户可以设置字体大小。

三、简答题

1. 对于有两个参数的函数应该如何计算？
2. 如何使用计算器的单位换算功能？
3. 设置画图工具的绘图画布有几种方法？
4. 如何将画图工具中的图像水平翻转？

5. 在画图工具中编辑图形时，如果对图形的局部要求较高，此时用什么方法对局部进行编辑？

6. 在写字板中如何选定文本？

7. 在写字板中如何移动文本？

8. 在写字板中如何打印文档？

四、实践题

练习1：使用画图工具将图6-49所示的小桥制作成图6-50所示的倒影效果。

图6-49　小桥

图6-50　倒影

练习2：使用写字板工具制作一个寻物启事，效果如图6-51所示。

寻物启事

本人于2013年8月26日晚，在宏泰购物广场不慎丢失红色钱包一个，里面有一张建设银行卡、身份证（名为：赵健民，出生日期为：1998年10月28日，证件号为：412724199810281535）。如果哪位好心人捡到请与本人联系，必有酬谢！

联系人：赵健民

联系电话：13592212345

图6-51　寻物启事

模块 07 多媒体软件的使用

你知道吗?

Windows 7系统全方位支持影音分享、播放和制作，为欣赏音乐、浏览照片和看电影都带来了更多的便利。在Windows 7的多媒体特性中，Windows媒体中心（Windows Media Center）无疑是最为引人注目的功能之一。它除了能够提供Windows Media Player的全部功能之外，还在多媒体功能上进行了全新的打造，为用户提供了一个从图片、音频、视频再到通信交流等的全方位应用平台。Windows媒体中心的所有操作都基于酷炫的图形化效果，可以以电影幻灯片的形式查看照片、通过封面浏览音乐集，轻松播放DVD、观看并录制各类视频等。通过Windows媒体中心即可在PC或电视上欣赏完整庞大的多媒体库，尽享极致快乐。

学习目标

- 基本声音管理
- 使用Windows Media Player
- 使用Windows DVD Maker 制作DVD
- 使用Windows Media Center

项目任务7-1 基本声音管理

探索时间

小王听腻了计算机默认的开机音乐，他想把开机音乐换成自己喜欢的音乐，他应该如何进行操作？

动手做1 音量控制

通常在装有声卡的计算机上，在Windows 7任务栏右端将会显示一个"音量控制"图标，看上去有点像一个小喇叭。

若要调整音量可以单击任务栏的"音量控制"图标，打开"快速音量控制"窗口，如图7-1所示。在窗口中用户可以拖动滑块控制音量，也可以单击下面的"静音"按钮设置系统的声音为静音。设置完成之后，在快速音量控制区域外的任意位置单击即可关闭快速音量控制窗口。

在"快速音量控制"窗口单击"合成器"选项进入"音量合成器"界面，在这里用户可以进行全面的声音控制，如图7-2所示。

图7-1 快速音量控制

Windows 7基础与应用

从界面中可以看出，Windows 7中的音量合成器可以对每一个正在运行的、涉及声音的程序进行音量控制。例如，当前正在运行暴风影音播放电影，同时还在使用QQ聊天工具聊天。用户为了能够在看电影的同时听到QQ聊天工具的提示音，可以通过这里的音量控制面板稍微调高一下QQ聊天工具的声音。

如果需要，用户还可以通过单击每个应用程序音量下方的静音按钮，来对一个或多个应用程序的声音使用进行开启和关闭。这样一来，我们就不必为了一个应用程序而关闭所有的音量。

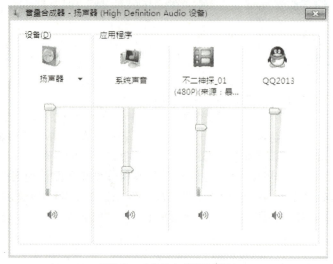

图7-2 "音量合成器"界面

动手做2 调整声音播放效果

为了获得更好的听觉享受，用户可以为计算机中的声卡校正声音的播放效果。基本操作步骤如下。

Step 01 在"通知区域"中的"喇叭"图标上右击，打开一个快捷菜单，如图7-3所示。
Step 02 在快捷菜单中选择"播放设备"命令，打开"声音"对话框，如图7-4所示。

图7-3 "喇叭"图标右键菜单　　　　　　图7-4 "声音"对话框

Step 03 选择要设置的声音设备，如这里选择扬声器，单击"配置"按钮，打开"扬声器安装程序"对话框，如图7-5所示。

Step 04 在"扬声器安装程序"对话框中用户可以根据当前接入的音箱类型进行相应的选择后，通过单击"测试"（单击后会变成"停止"按钮）按钮来逐个测试每个音箱输出的声音是否正常。

Step 05 单击"下一步"按钮进入"自定义配置"界面，在这里可以对部分音箱进行启用与关闭的设置，如图7-6所示。

图7-5 "扬声器安装程序"对话框

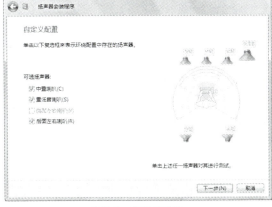

图7-6 自定义配置

Step 06 单击"下一步"按钮进入"选择全音域扬声器"界面，在这里可以可以对音箱的效果做进一步的设置，如图7-7所示。

Step 07 单击"下一步"按钮进入"选择配置完成"界面，单击"完成"按钮。

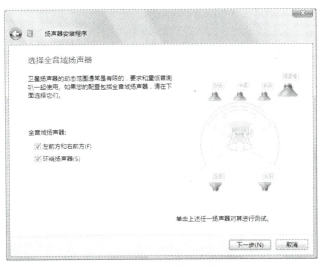

图7-7 "选择全音域扬声器"界面

动手做3 设置系统声音

为了便于用户区分当前正在进行的操作，Windows 7操作系统为各种事件提供了不同的声音效果。例如，启动与关闭Windows 7时有其特有的音乐，而当调整音量或出现了错误操作时，系统会伴以不同的声音来提醒用户。

用户可以根据个人喜好设置系统的这些声音，设置声音方案的具体步骤如下。

Step 01 在"通知区域"中的"喇叭"图标上右击，在快捷菜单中选择"声音"命令，打开"声音"对话框，选择"声音"选项卡，如图7-8所示。

Step 02 在"声音方案"下拉列表框中选择一种方案，在"程序事件"列表中的一些程序事件就被指定了声音，程序事件前带喇叭的就表示已经被指定了声音。选中一个指定声音的事件，在"声音"下拉列表框中将会显示出此声音事件的文件名，单击其右侧的"播放"按钮 ▶ 可以预听事件声音。

Step 03 如果要对事件的声音进行更改或者为没有指定声音的事件指定声音，可先在"程序事件"列表中选择一个事件，单击"浏览"按钮，出现如图7-9所示的对话框。

图7-8 设置声音方案

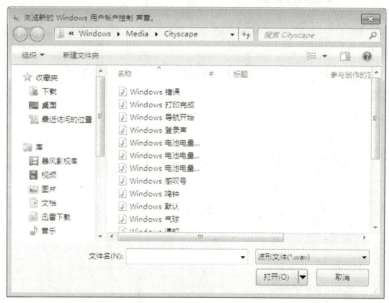

图7-9 为具体的事件选定声音

Step 04 在对话框中用户可以在系统提供的声音文件中为该事件选定一个声音，也可以在计算机的其他位置选择声音文件，单击"确定"按钮即可将选定的声音应用到该事件中。

Step 05 如果更改了声音方案中的设置，可以单击"另存为"按钮打开"方案另存为"对话框，如图7-10所示。

Step 06 在对话框中为定义的方案命名，单击"确定"按钮，新的名称将出现在"方案"列表中，在需要的时候，用户可以从列表中选择。

Step 07 完成所有的声音设置后，单击"确定"按钮。

图7-10 "方案另存为"对话框

巩固练习

1. 使用"音量控制"图标调整声音的大小。
2. 尝试更换系统的声音方案。

项目任务7-2 Windows Media Player的使用

探索时间

1. 你的计算机上安装了哪种播放器？
2. 想一想，Windows Media Player播放器能播放所有的视频文件吗？

动手做1 播放硬盘中的多媒体文件

使用Windows Media Player可以播放本地计算机硬盘上的多媒体文件。使用Windows Media Player播放本地硬盘多媒体文件的具体步骤如下。

Step 01 在"开始"菜单中选择"所有程序"菜单，然后选择"Windows Media Player"命令，打开"Windows Media Player"界面，如图7-11所示。

图7-11 Windows Media Player界面

Step 02 单击工具栏上的"组织"按钮，打开一个下拉菜单。在菜单中选择"布局"子菜单中的"显示菜单栏"命令，显示出菜单栏，如图7-12所示。

Windows 7基础与应用

图7-12　显示菜单栏

Step 03 选择"文件"菜单中的"打开"命令，出现"打开"对话框，在对话框中选择要播放的多媒体文件，如图7-13所示。

图7-13　"打开"对话框

Step 04 选择要播放的文件后，单击"打开"按钮，则进入Windows Media Player的播放模式，如图7-14所示。

图7-14　Windows Media Player的播放模式

Step 05　在播放的同时可以通过控制栏的按钮控制播放的进度及播放状态。各按钮的功能如下。

- "无序播放"按钮：单击该按钮启用无序播放功能，对媒体文件进行无顺序播放。
- "循环"按钮：单击该按钮启用重复播放功能，可循环播放列表中的所有媒体文件。
- "停止"按钮：单击该按钮可停止当前正在播放的媒体文件。
- "后退"按钮：如果播放列表中有多个媒体文件，则单击该按钮后，将播放当前正在播放文件的前一个媒体文件。
- "播放/暂停"按钮：如果当前正在播放媒体文件，则单击"暂停"按钮后，将停止播放，且播放进度滑块停留在当前播放位置；此时单击"播放"按钮，则从暂停位置继续播放媒体文件。
- "前进"按钮：如果播放列表中有多个媒体文件，则单击该按钮后，将播放当前正在播放文件的后一个媒体文件。
- "静音"按钮：单击该按钮将使播放静音，此时将听不到任何声音，其按钮变为形状，再次单击该按钮则取消静音状态。

Step 06　单击"切换到媒体库"按钮，则切换到Windows Media Player的媒体库模式。

动手做2　播放光盘中的多媒体文件

使用Windows Media Player还可以播放本地VCD/DVD光盘中的视频文件。通常情况下，将光盘放入光驱中后光盘将自动开始播放。如果光盘未自动播放，或者用户想要播放已插入的光盘，则用户可以执行以下步骤：

Step 01　在"开始"菜单中选择"所有程序"菜单，然后选择"Windows Media Player"命令，打开Windows Media Player。

Step 02　在播放机媒体库的导航窗格中单击该光盘的名称，如果用户插入的是 DVD，则单击 DVD 标题或章节名称，如图7-15所示。

Step 03　用户直接双击要播放的曲目，即可开始播放。

Windows 7基础与应用

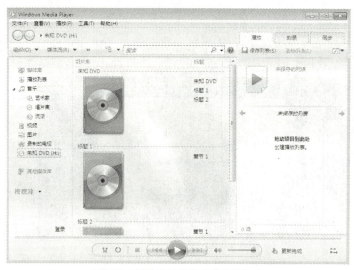

图7-15 播放中显示光盘的曲目结构

 提示

在播放器界面中选择"播放"下拉菜单中的DVD、VCD或CD音频命令，也可播放光驱中的光盘文件，如图7-16所示。

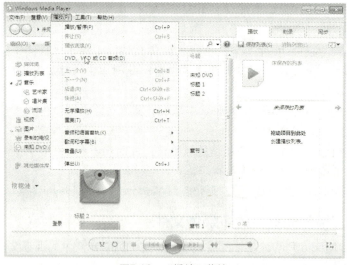

图7-16 "播放"菜单

动手做3 将项目添加到 Windows Media Player 媒体库

用户可以使用 Windows Media Player 媒体库组织计算机上的整个数字媒体集，包括音乐、视频和图片。将文件添加到 Windows Media Player播放机库后，就可以播放这些文件、刻录混合 CD、创建播放列表、将文件与便携式音乐及视频播放机同步，以及将文件流入家庭网络上的其他设备。

第一次启动Windows Media Player播放机时，Windows Media Player会在计算机的

音乐库、图片库、视频库和录制的电视库中自动搜索特定的默认文件夹。如果任何时候要在这些媒体库中添加或删除文件，播放机都会自动更新其中可用的媒体文件。用户还可以在 Windows 媒体库中包含来自用户计算机上其他位置或来自可移动存储设备上的新文件夹。如果用户的计算机上有包含媒体文件的未被监视的文件夹，可以将其包含在其中一个 Windows 媒体库中，以便播放机可以找到它。可以使用以下方法将文件添加到播放机库。

Step 01　在"开始"菜单中选择"所有程序"菜单，然后选择"Windows Media Player"命令，打开Windows Media Player。如果播放机当前已打开且处于"正在播放"模式，单击播放机右上角的"切换到媒体库"按钮。

Step 02　在工具栏中单击"组织"按钮，打开一个下拉菜单。在菜单中选择"管理媒体库"子菜单中的一个命令，如这里选择"视频"命令，如图7-17所示。

图7-17　管理媒体库菜单

Step 03　选择"视频"命令后打开"视频库位置"对话框，如图7-18所示。

图7-18　"视频库位置"对话框

Step 04 单击"添加"按钮,打开"将文件夹包括在视频中"对话框,如图7-19所示。

Step 05 在对话框中选中要包含的文件夹,单击"包括文件夹"按钮,回到"视频库位置"对话框。

图7-19 "将文件夹包括在视频中"对话框

Step 06 包括文件夹后,则在Windows Media Player的视频库中显示出文件夹中的视频,如图7-20所示。

图7-20 视频库中显示的视频

动手做4 删除媒体库中的文件

如果用户要从媒体库中删除文件,具体操作步骤如下。

Step 01 首先在"媒体库"界面中通过单击库名称找到要删除的文件。

Step 02 使用鼠标右键单击要删除的项目,在快捷菜单中选择"删除"命令,如图7-21所示。若要选择多个相邻项目,只需在按住Shift键的同时进行单击选择。如果要选择多个不相邻的项目,只需在选择时按住Ctrl键并逐个单击。

图7-21　删除媒体库中的文件

Step 03　选择"删除"命令后，打开如图7-22所示的提示对话框。如果选中"仅从媒体库中删除"单选按钮并单击"确定"按钮，可以将所选项目从媒体库中删除链接，但不会从计算机中删除链接到的文件；如果选中"从媒体库和计算机中删除"单选按钮并单击"确定"按钮，则可以将所选项目从媒体库中删除链接，并且会从计算机中删除链接到的文件。

图7-22　删除文件提示

动手做5　创建播放列表

播放列表是指在Windows Media Player中，将自己喜爱的图片、歌曲和电影都包含到一个多媒体文件中，当使用播放列表播放媒体文件时，就会只播放自己喜爱的内容了。

创建播放列表的基本方法如下。

Step 01　在"开始"菜单中选择"所有程序"菜单，然后选择"Windows Media Player"命令，打开Windows Media Player。如果播放机当前已打开且处于"正在播放"模式，单击播放机右上角的"切换到媒体库"按钮 。

Step 02　在播放机库中，如有列表窗格没有显示，则选择"播放"选项卡打开列表窗格。

Step 03　如果在创建"播放"列表之前需要清除列表窗格，单击"清除列表"按钮。

Step 04　在导航窗格中单击媒体库的名称，然后将该库中的项目从详细信息窗格拖到列表窗格中，将其添加到新播放列表，如图7-23所示。

Step 05　若要选择多个相邻项目，请在选择项目时按住 Shift 键。若要选择不相邻的项目，请在选择项目时按住 Ctrl 键。

Step 06　若要重新排列项目，请将它们在列表窗格中上下拖动。

Step 07 如果要保存列表，单击列表窗格顶部的"保存列表"按钮，然后在列表窗格中输入播放列表的名称，按Enter键。

提示

如果以后访问播放列表，用户可以双击导航窗格中的"播放列表"选项，或单击"播放列表"选项旁的箭头展开视图，然后进行播放。

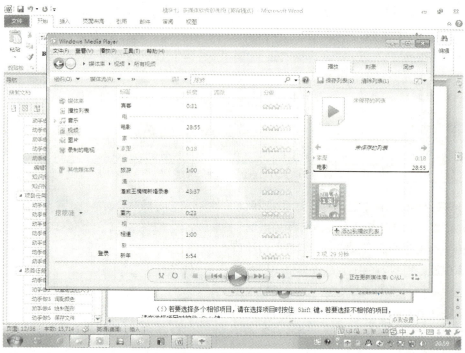

图7-23　创建播放列表

巩固练习

1. 尝试使用Windows Media Player播放计算机上的视频文件。
2. 使用Windows Media Player播放媒体库中的文件。

知识拓展——千千静听（百度音乐）简介

千千静听是一款完全免费的音乐播放软件，拥有自主研发的全新音频引擎，集播放、音效、转换、歌词等众多功能于一身。其小巧精致、操作简捷、功能强大的特点，深得用户喜爱。千千静听已经于2013年7月正式更名为百度音乐。

百度音乐的使用非常简单，在联网的情况下，单击"百度音乐"界面中的"音乐窗"按钮打开音乐窗，如图7-24所示。在音乐窗中用户可以通过不同的分类来寻找自己喜爱的音乐，找到喜爱的音乐后单击"播放"按钮进行播放，当然用户还可以单击"下载"按钮下载音乐，这样在不联网的情况下也可以使用百度音乐来播放音乐。

图7-24　千千静听（百度音乐）

如果在音乐窗的分类中找不到自己喜爱的音乐，用户可以选择音乐窗中的"搜索"选项卡，打开百度音乐搜索界面，如图7-25所示。在界面中用户可以输入音乐的名称或歌手的名字进行搜索。

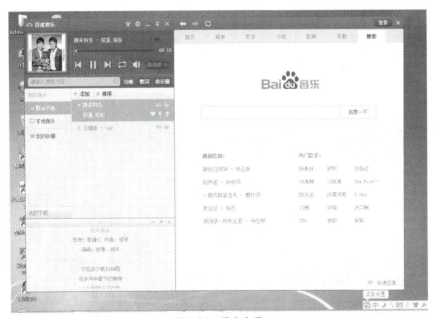

图7-25　搜索音乐

在"百度音乐"界面中单击"迷你模式"按钮 ，则进入迷你模式，用户可以边听音乐边做其他的工作，如图7-26所示。

图7-26　迷你模式

知识拓展——暴风影音简介

暴风影音是北京暴风网际科技有限公司推出的一款视频播放器,该播放器兼容大多数的视频和音频格式。暴风影音还提供了在线影视及暴风盒子功能,如图7-27所示。

图7-27　暴风影音

在在线列表或暴风盒子中用户可以寻找自己喜爱的影视节目,然后单击影视节目进行播放。用户还可以在"查询"或"搜索"文本框中输入自己喜爱的影视名字,然后进行搜索。

选择"正在播放"选项卡,则在右侧列出正在播放的影视,用户可以在"正在播放"列表中双击某一个影视作品进行播放,如图7-28所示。单击右下角的"暴风盒子"按钮,则可以打开或关闭暴风盒子。

图7-28　"正在播放"列表

项目任务7-3 使用Windows DVD Maker制作DVD

探索时间

假期期间小王带着妻子和孩子们去张家界旅游了一次,回来后小王想把这次旅游中拍的照片利用Windows DVD Maker制作成精美的个人DVD视频相册,他应如何进行操作?

Windows 7特意为用户设计了一个自带的刻碟软件——Windows DVD Maker。这个软件就是为了方便用户根据个人爱好把自己的个性化或者自己喜欢的视频等刻录下载,放在光盘上保存或者作为礼物送人。

使用Windows DVD Maker刻录光盘的基本方法如下。

Step 01 在"开始"菜单中选择"所有程序"菜单,然后选择"Windows DVD Maker"命令,打开Windows DVD Maker界面,如图7-29所示。

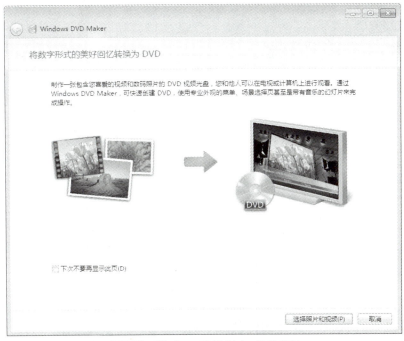

图7-29 Windows DVD Maker初始界面

提示

Windows DVD Maker运行后,会显示默认的欢迎界面,提示用户可以通过Windows DVD Maker制作视频或数码照片的DVD视频光盘。不过这个步骤的实际意义不大,所以,在界面中用户可以取消界面左下方"下次不再显示此页(D)"复选框的选中状态,以便今后制作时直接跳过这个步骤。

Step 02 单击"选择照片和视频"按钮,进入"向DVD添加图片和视频"界面,如图7-30所示。

Windows 7基础与应用

图7-30 "向DVD添加图片和视频"界面

Step 03 单击"添加项目"按钮,打开"将项目添加到DVD"对话框,如图7-31所示。在对话框中,用户可以选择照片、视频或音频等要制作DVD的素材。

图7-31 "将项目添加到DVD"对话框

Step 04 单击"添加"按钮,将素材添加到"向DVD添加图片和视频"界面中,如图7-32所示。

Step 05 在完成媒体文件的添加后,单击窗口右下角的"选项"按钮,打开"DVD选项"对话框,如图7-33所示。建议用户选择"使用DVD菜单播放和终止视频"选项,以更好地控制视频播放和停止;如果家里配备的是全高清电视,则可以考虑采用16:9的 DVD纵横比,以获得更好的效果;如果不太赶时间,可以将"DVD刻录机速度"选择为"中级",避免产生刻录失败的情况;在"视频

140

格式"选项区域中选择"PAL"视频格式。

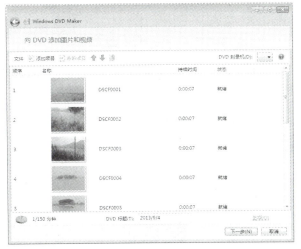

图7-32 添加素材效果

图7-33 "DVD选项"对话框

Step 06 单击"确定"按钮，返回"向DVD添加图片和视频"界面。单击"下一步"按钮，进入"准备刻录DVD"界面，如图7-34所示。

图7-34 "准备刻录DVD"界面

Step 07 在界面右侧已经默认提供了20种菜单样式（片头），用鼠标单击任意一个样式，都可以在场景当中实时预览。例如，这里选择滚动的菜单样式，如图7-35所示。

Step 08 单击"菜单文本"选项，进入"更改DVD菜单文本"界面，如图7-36所示。可为DVD添加专属标题，并设定控制按钮的文字、为DVD加上注解。

图7-35 选择菜单样式

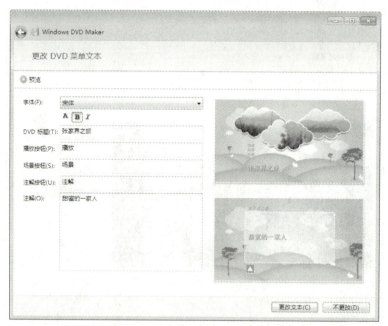

图7-36 "更改DVD菜单文本"界面

Step 09 在设定过程当中,片头样式、按钮样式和注解样式都可以在右侧的窗口中预览,如果不满意可以随时修改。完成后,单击"更改文本"按钮,回到"准备刻录DVD"界面。

Step 10 单击"自定义菜单"选项,进入"自定义DVD菜单样式"界面,如图7-37所示。在这里用户可以设置菜单的字体,并为菜单界面设置前景视频和背景视频,还可以添加一段音频作为菜单的背景音乐。

Step 11 单击"更改样式"按钮,回到"准备刻录DVD"界面。

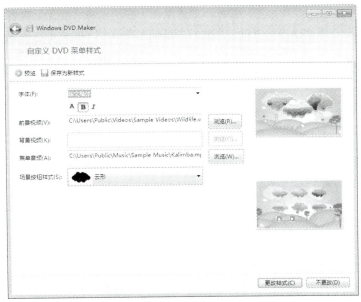

图7-37 "自定义DVD菜单样式"界面

Step 12 单击"放映幻灯片"选项，进入"更改幻灯片放映设置"界面，如图7-38所示。在这里用户可以单击"添加音乐"按钮为幻灯片播放添加背景音乐；如果要指定每张图片在幻灯片中显示的持续时间，则需在"照片长度"下拉列表框中选择持续显示的时间长度（单位为秒）；如果要选择图片之间的过渡/切换方式，则需在"切换"下拉列表框中选择切换类型；如果要为幻灯片中的图片添加扫视和缩放效果，选中"对照片使用平移与缩放效果"复选框。

Step 13 设置完毕后，单击"更改幻灯片"按钮，回到"准备刻录DVD"界面。

图7-38 "更改幻灯片放映设置"界面

Step 14 在完成上述一系列的设置后，就可以单击"刻录"按钮进行DVD光盘的制作。如果当前放入DVD刻录机的DVD±RW光盘已经有数据了，则会弹出如图7-39所示的提示框。

143

Step 15 单击"是"按钮,打开如图7-40所示的进度框,在这里将完成光盘内容擦除、数据写入等一系列的操作。在耐心等待这里的进度结束后,即可把光盘放入DVD影碟机等设备中进行播放了。

图7-39 光盘上有数据提示　　　　　　　　　　图7-40 刻录DVD

提示

由于最终生成的是视频DVD,所以Windows DVD Maker对"预览"功能进行了特别优化,为用户提供了一个模拟真实DVD环境的交互式预览场景。在界面中单击"预览"按钮,如图7-41所示。在"预览"界面中有视频播放、暂停控制,也有上下方向控制,同真正的DVD播放器没有什么两样,用户完全可以对最终生成的视频做到心中有数。

图7-41 "预览"界面

教你一招

由于一张DVD光盘存储的数字容量较大,因此编辑的时间往往会很长。通常,用户不会一次就编辑出内容完善、功能齐全、欣赏美观的光盘,所以,建议用户在使用Windows DVD Maker进行编辑时单击"文件"按钮,在"文件"菜单中选择"保存"命令,将当前正在编辑的任务以项目的方式保存起来,以便能够进行多次编辑。

项目任务7-4　使用Windows Media Center

探索时间

想一想使用Windows Media Center能进行哪些娱乐享受？

使用Windows Media Center（中文名为"媒体中心"），用户可以与数码相机、数码摄像机、DVD、视频卡等设备进行互动，进而将计算机设置成一个娱乐中心。也就是说，在Windows Media Center中既具有看图、播放音乐、视频的功能，又具有看电视、网络电影、刻录光盘等功能——更重要的是Windows Media Center还具有强大的媒体库功能，可以将所有能够管理的资源一网打尽。

Windows Media Center实际上就是一个小型的娱乐型操作系统。我们甚至可以使用遥控器来控制Windows Media Center——通过Windows Media Center及相关硬件让计算机拥有了电视、网络电影、本地/网络音乐等诸多功能后，如果显示器够大，那么计算机成为一家人的娱乐中心是完全可行的。实际上，Windows Media Center提供的功能都可以通过Windows 7中的各种程序来实现，只不过它将这些功能都来了个集中管理罢了。

动手做1　设置Windows Media Center中的媒体库

与Windows Media Player类似，在"Windows Media Center"中也存在媒体库。如果播放计算机中更多的媒体文件，则需要设置媒体库。设置媒体库的具体操作如下。

Step 01 在"开始"菜单中选择"所有程序"菜单，然后选择Windows Media Center命令，打开"Windows Media Center"界面。在该界面中根据不同的功能划分为多个播放主题，用户可以通过滚动鼠标滚轮在各个播放主题中切换，滚动到"任务"主题，如图7-42所示。

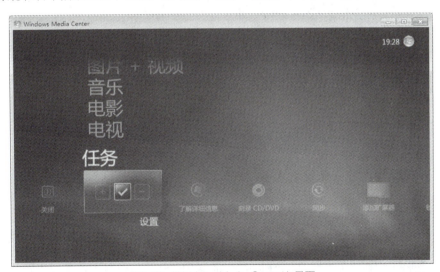

图7-42　Windows Media Center主界面

Step 02 在"任务"主题中选择"设置"选项，进入"设置"主界面，如图7-43所示。

Step 03 在"设置"主界面中选择"媒体库"选项，进入"媒体库"界面如图7-44所示。

Step 04 在"选择媒体库"列表中选择一个媒体库，如选择"视频"，单击"下一步"按钮，进入"添加或删除文件夹"界面，如图7-45所示。

图7-43 "设置"主界面

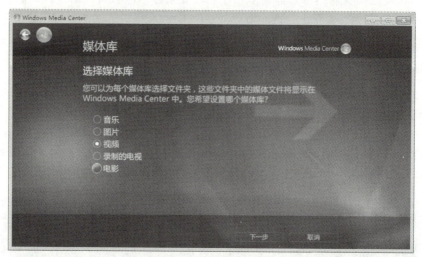

图7-44 "媒体库"界面

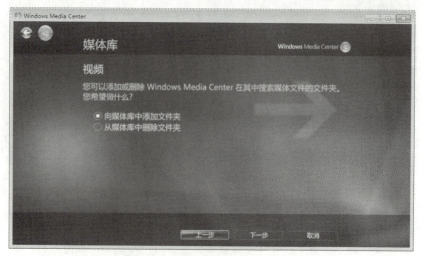

图7-45 "添加或删除文件夹"界面

Step 05 选中"向媒体库中添加文件夹"单选按钮,然后单击"下一步"按钮,进入"添加视频文件夹"界面,如图7-46所示。

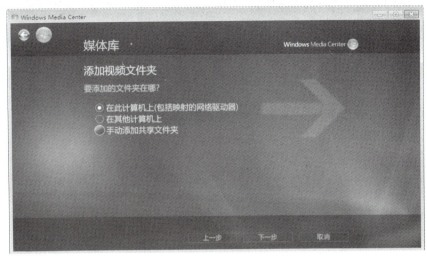

图7-46 "添加视频文件夹"界面

Step 06 在界面中选择要添加的文件夹的位置,如果要添加本地计算机文件夹中的媒体文件,则可以选中"在此计算机上"单选按钮,然后单击"下一步"按钮,进入"选择包含视频的文件夹"界面,如图7-47所示。

图7-47 "选择包含视频的文件夹"界面

Step 07 选中要添加的文件夹所在位置前的复选框,然后单击"下一步"按钮,进入"确认更改"界面,如图7-48所示。

Step 08 在界面中选中"是,使用这些位置"单选按钮,然后单击"完成"按钮。系统开始将选择的文件夹中的媒体文件添加到Windows Media Center媒体库中,如图7-49所示。

Windows 7基础与应用

图7-48 "确认更改"界面

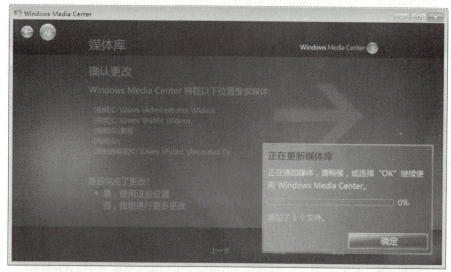

图7-49 向媒体库中添加指定的媒体文件

动手做2 设置Internet网络连接

如果要使用Windows Media Center收看Internet上的电影或收听广播，则需要先进行Internet连接设置。具体操作步骤如下。

Step 01 进入Windows Media Center的"设置"界面，选择"常规"选项，在进入的"常规"界面中选择"Windows Media Center设置"选项，进入如图7-50所示的界面。

Step 02 在进入的界面中选择"设置Internet连接"选项，进入"Internet连接"界面，如图7-51所示。

Step 03 在界面中单击"下一步"按钮，进入如图7-52所示的界面。

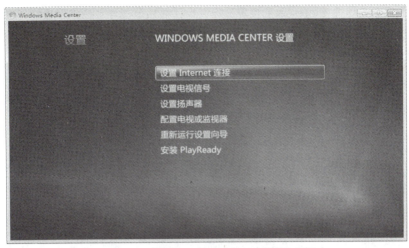

图7-50 "Windows Media Center设置"界面

图7-51 "Internet连接"界面

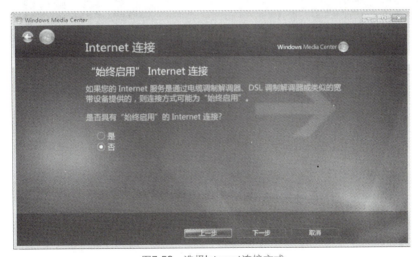

图7-52 选择Internet连接方式

Step 04 用户可根据实际连接Internet的情况进行选择，然后单击"下一步"按钮，在进入的界面中单击"测试"按钮对Internet的连接状况进行测试，如图7-53所示。

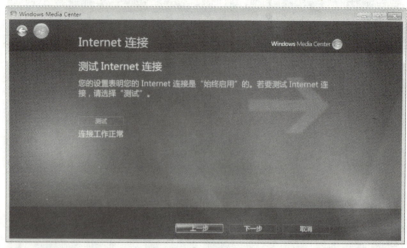

图7-53 测试Internet连接

Step 05 如果计算机已经连接到Internet，稍后则会显示"连接工作正常"信息，单击"下一步"按钮，在进入的界面中，单击"完成"按钮，完成Internet连接设置。

动手做3 播放视频

使用Windows Media Center播放视频的具体操作步骤如下。

Step 01 在Windows Media Center主界面中，将鼠标滚轮滚动到"图片＋视频"主题项上，然后选择"视频库"选项，进入"视频库"界面，如图7-54所示。

图7-54 "视频库"界面

Step 02 在"视频库"界面中选择要播放的视频文件所在的文件夹，在进入的界面中显示了当前视频库中的视频文件，如图7-55所示。

Step03 在界面中单击要播放的视频,Windows Media Center则将播放选择的视频文件,如图7-56所示。

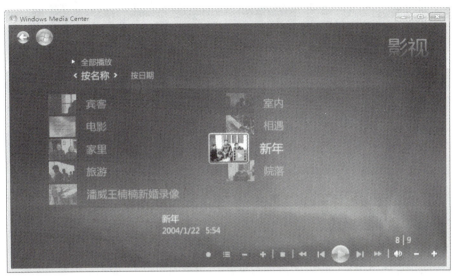

图7-55 显示视频文件

图7-56 正在播放视频文件

Step04 在"视频播放"界面的下方显示了控制按钮,用户可以利用这些按钮对播放的视频进行控制。

Step05 视频播放完成后,将进入操作界面,如图7-57所示。在这里如果选择"删除"选项,则可将视频从计算机中删除,如果选择"播放"选项,则重新播放该视频,如果选择"刻录CD/DVD"选项,则执行刻录操作。

Step06 单击"返回"按钮,则返回"视频"界面,用户可以继续选择视频进行播放。

Windows 7基础与应用

图7-57 选择操作

动手做4　播放音乐

在Windows Media Center中播放歌曲非常方便，具体操作如下。

Step 01 启动Windows Media Center，将鼠标滚轮滚动到"音乐"主题项上，然后选择"音乐库"选项，进入"音乐库"界面，默认以"唱片集"来显示媒体库中的歌曲。用户也可以选择其他方式来显示媒体库中的音乐，如图7-58所示。

图7-58 音乐库

Step 02 单击界面上方的"全部播放"选项，可以播放音乐库中的所有歌曲。但是多数时候可能只要求播放某张专辑中的歌曲，这时可以直接单击某一首歌曲，进入"唱片集操作"界面，如图7-59所示。

Step 03 在界面中如果选择"播放唱片集"选项，开始自动播放选择歌曲。如果选择"添加到正在播放列表"选项，则将当前音乐添加到"正在播放"列表中。按照相同的方法用户可以将多个歌曲添加到"正在播放"列表中，添加到"正在播放"列表后，在界面的左下角将显示一个正在播放的歌曲图标，如图7-60所示。

Step 04 单击"正在播放的歌曲"图标，则进入"歌曲详情"界面，如图7-61所示。

图7-59 "唱片集操作"界面

图7-60 添加歌曲到"正在播放"列表

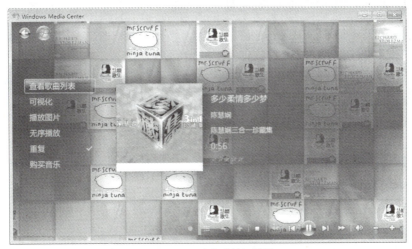

图7-61 "歌曲详情"界面

Windows 7基础与应用

Step 05 单击"查看歌曲列表"选项，进入"正在播放"界面，如图7-62所示。在该界面中用户可以看到正在播放的曲目，用户可以选择是"无序播放"还是"重复播放"。

图7-62 "正在播放"界面

Step 06 单击"编辑列表"选项，进入"编辑当前列表"界面，如图7-63所示。在该界面中用户可以单击曲目后面的"删除"按钮，删除曲目，还可以利用曲目后面的上下箭头调整曲目的顺序。编辑完毕，单击"完成"按钮。

图7-63 "编辑当前列表"界面

动手做5 播放图片

在Windows Media Center中播放图片的具体操作如下。

Step 01 启动Windows Media Center，在主界面中滚动鼠标滚轮到"图片+视频"主题设置项，然后选择"图片库"选项，进入"图片库"界面，如图7-64所示。

Step 02 在"图片库"界面中选择要查看图片所在的文件夹，在进入的界面中显示了该文件夹中包含的所有图片，单击要查看的图片，即可放大浏览选择的图片，如图7-65所示。

模块 07 多媒体软件的使用

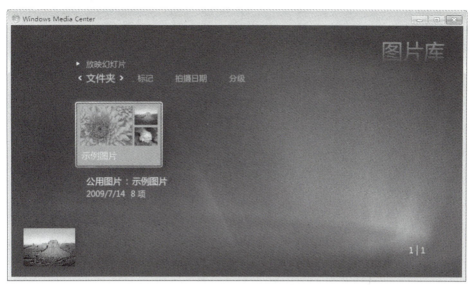

图7-64 "图片库"界面

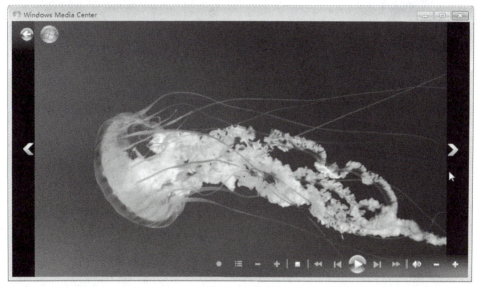

图7-65 浏览图片

Step 03　单击"后一张"按钮 ▶，或"前一张"按钮 ◀，则可浏览后一张或前一张图片。

Step 04　单击"播放"按钮，则Windows Media Center以幻灯片的形式播放图片。

动手做6　编辑图片

在浏览图片的过程中用户还可以根据需要对图片的质量进行一些调整，如可以旋转图片、设置图片对比度及去除红眼等。具体操作如下。

Step 01　在图片浏览窗口中右击，打开一个快捷菜单，如图7-66所示。

Step 02　在快捷菜单中选择"图片详细信息"命令进入"图片详细信息"界面，如图7-67所示。

Step 03　在"图片详细信息"界面中选择"旋转"选项，在右侧预览窗口中可看到图片旋转后的效果，如图7-68所示。

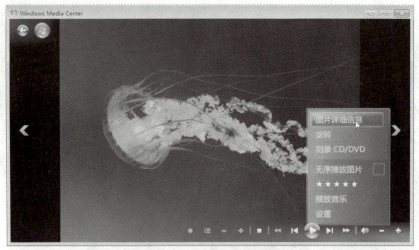

图7-66　图片右键快捷菜单

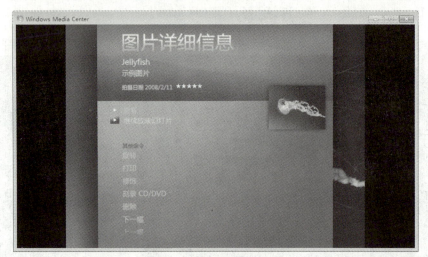

图7-67　"图片详细信息"界面

图7-68　旋转图片

Step 04 如果要对图片进行其他设置，可以选择"修饰"选项，进入"修饰"界面，如图7-69所示。在"修饰"界面中用户可对图片进行一些特效编辑，如去除红眼、调整对比度、剪切图片并进行预览等操作。

Step 05 完成图片的修改工作后，选择"保存"选项即可使修改生效。

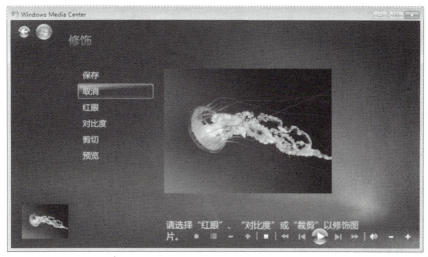

图7-69 修饰界面

▶ 动手做7 在Windows Media Center中玩游戏

除了使用Windows Media Center欣赏音乐、影视作品和浏览图片外，闲暇时间玩玩游戏也是挺不错的。在Windows Media Center中就提供了游戏功能，具体操作如下。

Step 01 启动Windows Media Center，滚动鼠标滚轮到"附加程序"主题设置项，然后选择"附加程序库"选项，进入"附加程序库"界面，如图7-70所示。

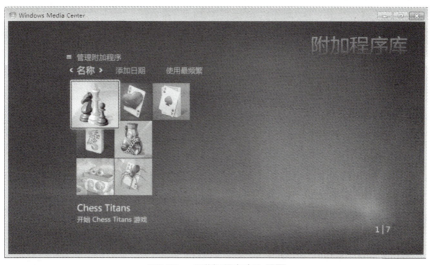

图7-70 "附加程序库"界面

Step 02 选择要玩的游戏，如选择蜘蛛牌，则可进入游戏界面开始玩游戏，如图7-71所示。

Step 03 在游戏界面中选择"退出游戏"选项则退出游戏。

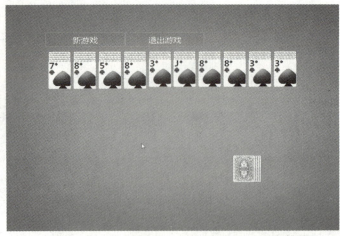

图7-71 正在玩游戏

巩固练习

1. 在Windows Media Center中向图片媒体库中添加文件夹。
2. 使用Windows Media Center图片库中的图片。

课后练习与指导

一、选择题

1. 关于系统声音下列说法正确的是（　　）。
    A．Windows自带一个声音库，在不同的事件发生时使用不同的声音作提示
    B．设置系统声音应在"声音"对话框的"声音"选项卡中进行
    C．用户可以将自定义的声音方案保存并应用
    D．自定义系统声音只能使用声音库的声音文件
2. 关于Windows Media Player下列说法正确的是（　　）。
    A．Windows Media Player只可以播放本地的多媒体文件
    B．Windows Media Player有播放模式和媒体库模式两种模式
    C．用户可以创建播放列表并将其保存
    D．Windows Media Player可以播放所有的音频文件
3. 关于Windows DVD Maker下列说法正确的是（　　）。
    A．用户只能向Windows DVD Maker中添加图片项目
    B．在Windows DVD Maker中用户可以更改菜单样式
    C．在Windows DVD Maker中用户可以更改场景按钮样式
    D．在Windows DVD Maker中用户可以为播放的图片添加背景音乐
4. 关于Windows Media Center下列说法正确的是（　　）。
    A．使用Windows Media Center可以播放互联网上的电影
    B．使用Windows Media Center可以对图片进行简单的编辑
    C．使用Windows Media Center可以刻录DVD
    D．使用Windows Media Center可以参与网络游戏

5．下列说法正确的是（　　）。
   A．Windows 7中的音量控制可以单独控制应用程序的音量
   B．在Windows Media Center中用户可以删除计算机中包含在视频库中的视频文件
   C．在Windows Media Player中用户可以删除计算机中包含在视频库中的视频文件
   D．使用Windows Media Center和Windows Media Player播放音频文件都可以创建播放列表

二、填空题

1．若要快速调整音量可以单击任务栏的"_____"图标，弹出"快速音量控制"窗口，在窗口中可以拖动滑块控制音量。

2．在Windows Media Player的菜单栏中选择"_____"菜单中的"_____"命令即可播放光盘文件。

3．在Windows Media Player的菜单栏中选择"_____"菜单中的"_____"命令即可查找并播放硬盘中的文件。

4．在"通知区域"中的"喇叭"图标上右击，在快捷菜单中选择"_____"命令，打开"_____"对话框，在对话框中用户可对系统声音进行设置。

5．在Windows Media Player工具栏中单击"_____"按钮，在菜单中选择"_____"子菜单中的"_____"，打开"视频库位置"对话框，在对话框中用户可以向视频库中添加文件夹。

6．在Windows Media Center的设置界面，选择"常规"选项，在进入的"常规"界面中选择"_____"选项，然后在进入的界面中可以设置Internet连接。

三、简答题

1．在Windows Media Player中如果光盘中的文件没有自动播放，应如何进行播放？
2．如何删除Windows Media Player媒体库中的文件？
3．如何设置Windows Media Center中的媒体库？
4．如何设置Windows Media Center中的网络连接？
5．如何利用音量控制单独调整应用程序QQ的音量大小？
6．在Windows Media Player中不显示菜单栏，应如何设置才能显示菜单栏？

四、实践题

练习1：使用Windows Media Center播放音乐库中的曲目，首先创建一个播放列表，然后循环播放。

练习2：使用Windows Media Player创建一个播放列表，然后播放视频文件。

练习3：收集自己的照片，然后利用Windows DVD Maker刻录成光盘。

练习4：使用Windows Media Center对图片库中的某一个图片进行简单的编辑。

模块 08 使用Windows 7浏览Internet

你知道吗？

Internet，中文正式译名为因特网，又称为国际互联网。它是由那些使用公用语言互相通信的计算机连接而成的全球网络。目前Internet的用户已经遍及全球，有超过几亿人在使用Internet，并且它的用户数还在以等比级数上升，它现在已经完全跳出了当初创建时的意图，正在越来越深入地介入人们的生活。

学习目标

- 建立Internet连接
- 浏览网页
- 资料搜索与下载
- 实用信息查询
- 使用电子邮件
- 使用QQ聊天工具
- 使用微博

项目任务8-1 建立Internet连接

探索时间

你的计算机正在接入Internet吗？如果正在接入Internet，接入Internet的方式是什么？

动手做1 选择Internet常用的接入方式

用户要想使用互联网的各种服务，首先需要与Internet建立连接，随着网络技术的发展，现在实现网络连接的方法有多种，不同连接的网速和所付费用是不同的。建立连接总体上来说主要分为三步，第一步选择一个ISP服务商申请一个上网账号，第二步安装连接Internet的硬件设备，第三步根据Internet服务提供者（ISP）提供的信息创建连接。

如果用户想使用Internet所提供的服务，首先必须将自己的计算机接入Internet，然后才能访问Internet中提供的各类服务与信息资源。目前Internet常用的接入方式有以下一些。

1．通过电话网接入

"通过电话网接入Internet"是指用户计算机使用Modem通过电话网与ISP相连接，再通过ISP接入Internet。用户的计算机与ISP的远程接入服务器（RAS）均通过Modem与电话网相连。用户在访问Internet时，通过拨号方式与ISP的RAS建立连接，通过ISP的路由器访问Internet。

电话网是为传输模拟信号而设计的，计算机中的数字信号无法直接在普通的电话线上传输，因此需要使用Modem。在发送端，Modem将计算机中的数字信号转换成能在电话线上传输的模拟信号；在接收端，它将接收到的模拟信号转换成能在计算机中识别的数字信号。实际上，Modem是一个数字/模拟信号转换的设备。

ISP能提供的电话中继线数目，将关系到与ISP建立连接的成功率。每条电话中继线在每个时刻只能支持一个用户接入，ISP提供的电话中继线越少，用户与ISP的RAS建立连接的成功率越低。在用户端，既可以将一台计算机直接通过调制解调器与电话网相连，也可以利用代理服务器将一个局域网间接通过调制解调器与电话网相连。

通过电话网接入Internet主要有普通拨号上网和ADSL宽带接入两种方式。

普通拨号上网是20世纪90年代中国刚有互联网的时候，家庭用户上网接入Internet的主要方式，拨号上网速度慢，连接不稳定，容易出现掉线现象。

目前家庭用户大多使用ADSL宽带接入Internet。ADSL是Asymmetric Digital Subscriber Line（非对称性数字用户线路）的缩写。ADSL仍旧以普通的电话线为传输介质，但它采用先进的数字信号处理技术与创新的数据演算方法，在一条电话线上使用更高频率的范围来传输数据。并将下载、上传和语音数据传输的频道分开，形成一条电话线上可以同时传输三个不同频道的数据。这样，便突破了传统Modem的56 Kb/s最大传输速率的限制。

ADSL能够实现数字信号与模拟信号同时在电话线上传输的关键在于上行和下行的带宽是不对称的。从网络服务器到用户端（下行频道）传输的带宽比较高，用户端到网络服务器（上行通道）的传输带宽则比较低。这样设计，一方面是为了与现有电话网络频段兼容，另一方面也符合一般使用Internet的习惯。

除了计算机外，使用ADSL接入Internet需要的设备有一台ADSL分离器、一台ADSL Modem，一条电话线，连接起来的结构如图8-1所示。

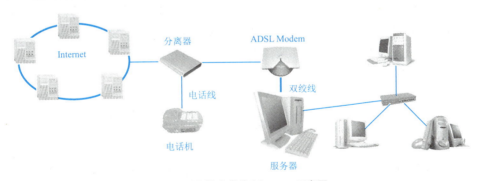

图8-1　ADSL宽带接入Internet示意图

2．专线接入

如果需要24小时在线，使用专线接入Internet是一个不错的选择。"专线接入Internet"是指从提供网络服务的服务器（一般从邮局）与用户的计算机之间通过路由器建立一条网络专线，24小时享受Internet服务。图8-2所示为专线接入Internet示意图。

申请专线接入Internet时，通常选择包月或包年的计费方式。即不管上了多长时间的网，付出的上网费是固定的。因此，这种接入方式的用户群多属于企业或单位用户，对于普通的家庭用户，如果不需要长时间上网，使用专线是一种浪费。

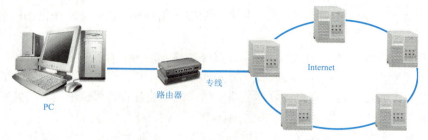

图8-2 专线接入Internet示意图

3. 通过局域网接入Internet

使用局域网连接时，只需要在用户的计算机上配制网卡，就可以将计算机连接到与Internet直接相连的局域网上。

在局域网中提供了统一的入网方式。一般来讲，只需要按照要求配置IP地址、子网掩码、网关和DNS服务器就可连上网络，有些收费的网络需要输入用户名和密码。

4. 无线上网

为满足网民随时随地使用笔记本电脑或者掌上电脑，移动、联通两大运营商都推出了无线上网业务，随时随地上网不再是梦。

目前无线上网的实现方式有很多种，而且这些方式各有不同的特点，用户可以根据自己的实际需要和条件进行选择，当前包括中国移动和中国联通两大移动运营商均推出了相应的无线上网服务，通过一张小小的上网卡，无论身处何方，都可以通过网络和世界连在一起。

（1）无线上网卡+计算机。

这种方式，需要购买额外的一种卡式设备（PC卡），将其直接插在笔记本电脑或者台式计算机的PCMCIA槽或USB接口，实现无线上网。

当前，无线上网卡有多种类型，第一种是机卡一体，上网卡的号码已经固化在PC卡上，直接插入笔记本电脑的PCMCIA插槽内，就可以使用；第二种是机卡分离，记录上网卡号码的"手机卡"可以和卡体分离，把两者插在一起，再插入PCMCIA插槽内就可以上网；第三种是USB无线猫（Modem），即通过USB连接插入台式计算机或笔记本电脑的USB接口内上网，而手机卡也可以插入到无线猫中。

（2）无线局域网WLAN。

无线局域网WLAN是另一种方便的上网方式，目前中国电信、中国移动和中国联通等运营商均在机场、酒店、会议中心和展览馆等商旅人士经常出入的场所铺设了无线局域网，用户只需使用内置了WLAN网卡的计算机或者PDA，在WLAN覆盖的地方（俗称"热点"），就可以上网。

如果没有WLAN覆盖，自己可以购买无线路由器或AP铺设自己的无线局域网上网，这也是目前家庭、学校、公司较为常见的无线上网方式。

动手做2 获取上网账号

上网之前首先要做的工作是找一个比较理想的ISP，办理上网手续，申请一个属于自己的Internet账号。ISP是Internet Service Provider的缩写，译成中文就是"互联网服务提供商"。简单地说，ISP就是向用户提供连接到Internet服务的机构。

个人或企业是不能直接连入Internet的，不管以哪种方式接入Internet，首先都要连到ISP的主机。从用户角度看，ISP位于Internet的边缘，用户通过某种通信线路连接到ISP，再通过ISP的连接通道接入Internet。ISP的作用主要有以下两个方面。

（1）为用户提供Internet接入服务，就是提供线路、设备等，将用户的计算机连入Internet。

（2）为用户提供各种类型的信息服务。例如，提供电子邮件服务、替客户发布信息等。

当用户选定一家ISP之后，就可以向其提出上网的申请，得到一个上网账号后用户才能够上网。申请上网账号时，用户必须带上自己的有效证件，如身份证。ISP确认后会给出一张表格让用户填写，用户必须填写这几项信息：姓名、单位、联系方式等。

上网账号：即用户的标志，一般由几个字母组成，它是由用户自己设置的，用户所选择的账号不能与别人的账号重复。

上网账号的密码：这个密码也是由用户自己确定的，它可以是字符和数字的组合，如zhao2005。在拨号时，用户必须同时输入上网的账号和密码，ISP确认无误后，用户的计算机才能连上Internet。要注意密码的安全性，如果其他人知道用户的账号和密码，那么就可以使用该账号来上网。

动手做3　安装硬件设备

由用户选择网络连接的方法不同，所使用的Internet硬件连接设备也会不同，现在比较常用的硬件连接设备有调制解调器DDN、ISDN、ADSL、DSL、有线电视线路和无线蓝牙设备等。

对于普通用户来说，大部分情况下都是采用ADSL拨号上网，其技术比较成熟，具有相关标准，发展较快。

ADSL硬件连接的示意图如图8-3所示。

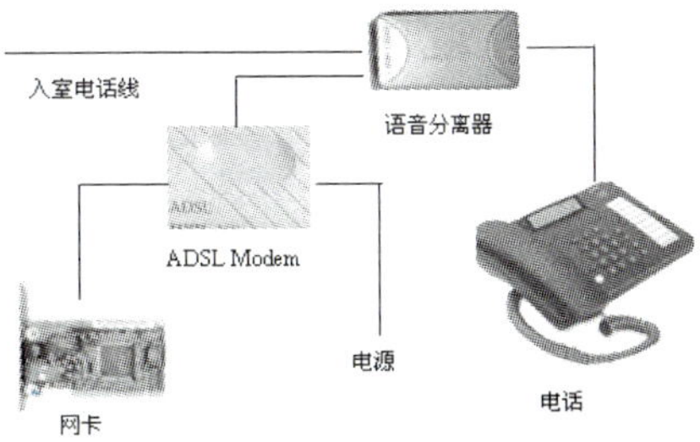

ADSL硬件连接的大体步骤如下。

Step 01　首先应检查硬件是否齐全。硬件包括ADSL分离器、ADSL Modem、变压器、PCI网卡、两端做好RJ-11水晶头的电话线和两端做好RJ-45水晶头的双绞线（这两条线一般装在ADSL Modem包装盒中）。

Step 02　在计算机上加装PCI网卡。打开服务器机箱，在主板上加装一块PCI网卡，此网卡专门用来连接ADSL Modem。

图8-3　ADSL硬件连接示意图

Step 03　安装ADSL分离器。ADSL分离器一般放置在电话线入口处，使用普通电话线连接分离器上的Line接口，然后将电话机连接到分离器上的Phone接口，剩下的一个接口用于连接ADSL Modem。

Step 04　安装ADSL Modem。利用ADSL Modem附送的电话线将ADSL Modem与分离器上的Modem接口相连，将双绞线任意一端的水晶头插入ADSL Modem的RJ-45接口，然后接好变压器电源线。

Step 05　连接网卡。将插在ADSL Modem上的双绞线的另外一端水晶头插在计算机网卡的RJ-45接口上，完成硬件安装工作。

启动计算机并打开ADSL Modem的电源，安装网卡的驱动程序。如果两边连接网线的插孔所对应的LED（发光二极管）发亮，表明硬件连接成功。

动手做4　建立拨号连接

目前，国内的ADSL接入类型主要有专线接入方式（固定IP）和虚拟拨号方式两种，其中专线接入方式的用户拥有固定的静态IP地址，而且24小时在线，但其价格难以令普通用户接收。虚拟拨号方式则和普通拨号一样，有账号验证、IP地址分配等过程。但ADSL连接的并不是具体的ISP接入号码，而是ADSL虚拟专用网接入的服务器。根据网卡类型的不同又分为

Windows 7基础与应用

ATM和以太网虚拟拨号方式，由于以太网虚拟拨号方式具有安装维护简单等特点，因此成为目前ADSL虚拟拨号的主流。这种方式有自己的一套网络协议来实现账号验证、IP分配等工作，即PPPoE协议。

在Windows 7中建立拨号连接的基本步骤如下。

Step 01 在"开始"菜单中单击"控制面板"选项，打开"控制面板"窗口。在"查看方式"下拉列表框中选择"小图标"，使用小图标查看，如图8-4所示。

图8-4 "控制面板"窗口

Step 02 在"控制面板"窗口中单击"网络和共享中心"选项，进入"网络和共享中心"窗口，如图8-5所示。

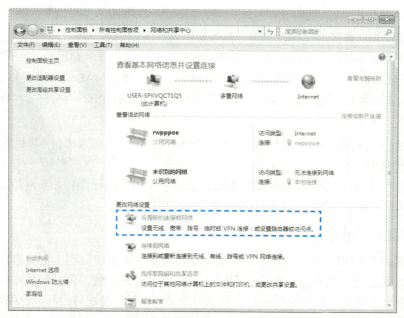

图8-5 "网络和共享中心"窗口

Step 03 在"网络和共享中心"窗口中单击"设置新的连接或网络"选项,打开"设置连接或网络"窗口,如图8-6所示。

Step 04 在"选择一个连接选项"列表中选择"连接到Internet"选项,然后单击"下一步"按钮,进入"连接到Internet"窗口,如图8-7所示。

图8-6 设置网络连接

图8-7 "连接到Internet"窗口

Step 05 选中"否,创建新连接"单选按钮,单击"下一步"按钮,进入"您想如何连接"窗口,如图8-8所示。

Step 06 单击"宽带(PPPoE)"选项进入如图8-9所示的界面。

Step 07 在窗口中输入服务商提供的信息,单击"连接"按钮,如果连接成功则会进入如图8-10所示的界面提示连接成功。

Step 08 单击"关闭"按钮回到"网络和共享中心"窗口,在窗口中单击"更改适配器"选项,进入"网络连接"窗口,如图8-11所示。

Step 09 在刚才创建的宽带连接上右击,在快捷菜单中选择"创建快捷方式"命令,在桌面上创建一个宽带连接的快捷方式。

Step 10 在上网时用户可以在桌面双击"宽带连接"快捷方式图标,则打开"连接宽带连接"窗口,如图8-12所示。输入用户名和密码,单击"连接"按钮即可。

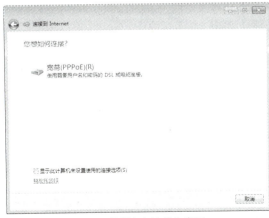

图8-8 "您想如何连接"窗口

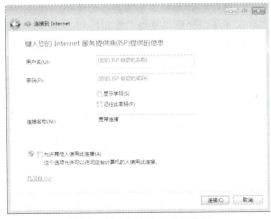

图8-9 输入服务商提供的信息

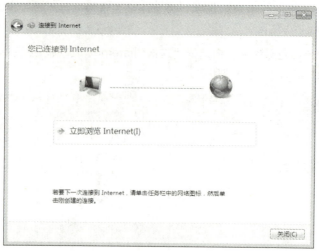

图8-10　连接成功

图8-11　"网络连接"窗口

图8-12　"连接 宽带连接"窗口

教你一招

如果用户的计算机上创建有多个连接，用户可以在任务栏的通知区域单击"网络连接"图标，打开一个网络连接列表，如图8-13所示。在列表中选中要连入Internet的连接图标，然后单击"连接"按钮。

图8-13　网络连接列表

巩固练习

建立一个名为"我的连接"的宽带连接。

项目任务8-2 浏览网页

探索时间

1．小王在浏览网页时看到了一些漂亮的图片，他想把这些图片保存下来以供自己使用，他应如何操作才能将图片保存到自己的计算机中？

2．最近小王热衷于在自己的家乡论坛上灌水，他应如何做才能方便自己每次都很容易地访问论坛？

动手做1　浏览网页

在Windows 7中集成了Internet Explorer 浏览器，Internet Explorer 浏览器具有强大的功能，无论是搜索新信息还是浏览用户喜爱的站点，Internet Explorer 浏览器都可以使用户从互联网上轻松获得丰富信息。

浏览网页最简单直接的办法是在地址栏中输入要浏览网页的地址，按后单击"转到"按钮即可打开要浏览的网页。例如，在地址栏中输入搜狐的网址http://www.sohu.com，按Enter键，即可进入搜狐的主页，如图8-14所示。

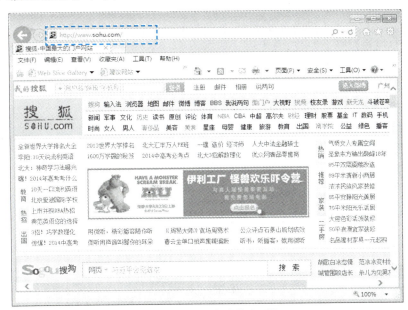

图8-14　在地址栏中输入网址

Web网页中的最佳特性就是超级链接的使用，超级链接就是屏幕上的热区。当超级链接被单击时，可以转向图像、视频、音频剪辑或其他Web网页。大多数超级链接表现为带下划线的文本。其实任何文本，甚至是一幅图片的某部分，都可以是一个超级链接。当鼠标指针触及一个超级链接时，鼠标指针会变成小手状。此时在状态栏上一般将显示出超级链接的地址，单击该链接即可链接到它的目的地网址。

教你一招

大多数的网址以 http://www 开头,其中http代表了超文本传输协议,WWW代表万维网。在大多数的浏览器中,包括Internet Explorer中,在输入以 http:// 开头的网址时,用户不必在地址栏中开始处输入http://,因为浏览器默认的协议就是超文本传输协议。

动手做2 设置主页

主页就是刚启动Internet Explorer 浏览器时出现的第一个网页,系统默认的主页是微软中文主页。大家都习惯把自己经常需要访问的网站设为Internet Explorer 首页,这样就可以在打开Internet Explorer 后,直接打开喜欢去的网站,减少了在地址栏输入网址的时间,间接提高了工作效率。

Internet Explorer 浏览器支持多个网页作为主页,设置主页的具体方法如下。

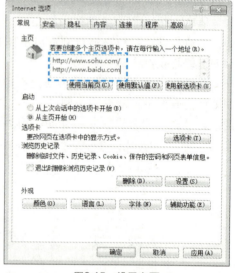

Step01 启动Internet Explorer 浏览器。

Step02 打开要设置为默认主页的Web 网页。

Step03 选择"工具"菜单中的"Internet 选项"命令,打开"Internet 选项"对话框,选择"常规"选项卡,如图8-15所示。

Step04 在"主页"选项区域中单击"使用当前页"按钮,可将启动Internet Explorer浏览器时打开的默认主页设置为当前打开的Web 网页;若单击"使用默认值"按钮,可在启动Internet Explorer 浏览器时打开默认主页;若选择"使用新选项卡"按钮,可在启动Internet Explorer 浏览器时不打开任何网页。

Step05 如果要设置多个主页,在"Internet 选项"对话框的"地址"输入框中直接输入网址,每个网址之间换行即可,如图8-15所示。

图8-15 设置主页

Step06 设置完毕,单击"确定"按钮。

教你一招

在命令栏上单击"主页"按钮右侧的下三角箭头,在列表中选择"添加或更改主页"选项,打开"添加或更改主页"对话框,如图8-16所示。如果要将当前网页作为唯一主页,则选中"将此网页用作唯一主页"单选按钮,如果要将当前网页作为主页中的一个,则选中"将此网页添加到主页选项卡"单选按钮。

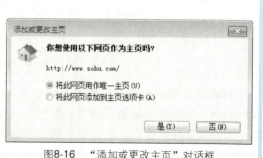

图8-16 "添加或更改主页"对话框

提示

如果用户设置了多个主页,在启动浏览器后,会同时打开设置的主页。在使用浏览器浏览网页时,如果想进入某个主页,单击命令栏上"主页"按钮右侧的下三角箭头,在列表中单击相应的主页即可,如图8-17所示。

图8-17 多个主页列表

动手做3 收藏网页

Internet Explorer提供了收藏夹功能,用户在上网的时候可以利用收藏夹来收藏自己喜欢、常用的网站。把它放到一个文件夹里,想用的时候可以打开找到。

将喜爱的网页添加到收藏夹的步骤如下。

Step 01 打开要收藏的网页,选择"收藏夹"菜单中的"添加到收藏夹"命令,打开"添加收藏"对话框,如图8-18所示。

Step 02 在对话框的"名称"文本框中显示出了当前网页的标题,如果有需要,用户可以输入一个新的名称,新的名字应该便于识别和简明扼要,以便于以后在收藏夹菜单中寻找和管理。

图8-18 "添加收藏"对话框

Step 03 在"创建位置"下拉列表框中显示了放置网页的默认位置"收藏夹",单击"创建位置"右侧的下三角箭头,出现收藏夹的位置列表,在"创建位置"列表中用户可以选择该网页放置的位置。

Step 04 单击"添加"按钮,网页将会保存到选定的收藏文件夹中。

将网页添加到收藏夹后,用户可以查看收藏夹,通过收藏夹可直接访问网页。单击地址栏右侧的"收藏夹"按钮,即可在浏览器窗口打开一个列表,单击"收藏夹"选项,在列表中显示了收藏的网页,如图8-19所示。在列表中单击想要查看的网页即可。

动手做4 保存网页图片

当用户在网上遨游时,会发现一些精美的图片或一篇对自己有用的文章。此时用户可以把这些资源保存在自己的硬盘上。

图8-19 收藏夹的应用

保存网页中图片的具体步骤如下。

Step 01 在网页中的图片上右击,然后在弹出的快捷菜单中选择"图片另存为"命令,打开"保存图片"对话框,如图8-20所示。

Step 02 在"保存图片"对话框中选择正确的目录,如果用户想更改文件名,可在"文件名"输入框中输入新的文件名,然后在"保存类型"下拉列表框中选择保存图片的格式。

Step 03 单击"保存"按钮,图片将被下载到用户的硬盘上。

Windows 7基础与应用

图8-20 保存网页图片

动手做5 保存网页

查看网页时，用户会发现很多有用的信息，此时可以将它们保存下来，供以后参考。有时用户只想保存网页中的文本内容，而有时用户想把整个网页都保存下来；甚至有时用户只想保存网页的源文件，这些都可以办到。保存网页的具体步骤如下。

Step 01 打开要保存的网页，这里打开书法欣赏网页。在要保存的网页中选择"文件"菜单中的"另存为"命令，打开"保存网页"对话框，如图8-21所示。

Step 02 在对话框中单击"保存类型"下拉列表框右侧的下三角按钮，用户可以根据需要来选择保存的对象。如用户需要保存整个网页，选择"网页，全部"选项。

Step 03 在"文件名"输入框中输入保存的名称，这里命名为书法欣赏网站；在"保存在"下拉列表框中选择正确的保存位置，这里将其保存在"文档"库中；然后在"编码"下拉列表框中选择保存文件的编码。

Step 04 单击"保存"按钮，显示"保存网页进度"对话框，待保存完毕，此对话框会自动关闭。

图8-21 "保存网页"对话框

提示

保存网页后,打开"文档"库,会发现以"书法欣赏网站"命名的文件夹和网页文件,其中"书法欣赏网站"文件夹中保存的是此网页中的图片文件和样式表文件等。

动手做6 打印网页

用户还可以利用打印机将网页打印出来。打印网页的步骤如下。

Step 01 在浏览器中,打开要打印的网页。

Step 02 选择"文件"菜单中的"打印"命令,打开"打印"对话框,如图8-22所示。

Step 03 在对话框的"页面范围"区域指定所需的打印选项,单击"打印"按钮。

图8-22 "打印"对话框

提示

如果要打印网页的指定部分,首先在网页中选择该部分,选择"文件"菜单中的"打印"命令,在"打印"对话框中选择"选定范围"选项。

巩固练习

1. 在浏览器中设置搜狐为主页(http://www.sohu.com)。
2. 将搜狐网站的首页保存在计算机的硬盘中。

项目任务8-3 资料搜索与下载

探索时间

小王想从网上下载一个搜狗拼音输入法并将其安装在自己的计算机上,他应如何操作才能从网上下载搜狗拼音输入法?

Windows 7基础与应用

分析：由于小王不知道搜狗拼音输入法的具体下载地址，因此他首先要使用搜索网站搜索搜狗拼音输入法的具体下载地址，然后利用下载工具或者浏览器将其下载。

动手做1　资料搜索

Internet上的信息繁多，涉及不同的主题，包括商业、信息资讯、军事、科技、教育、工农业生产、娱乐休闲等人类活动的方方面面，真可谓是取之不尽用之不竭的信息源，这为人们的生活、工作和学习带来了极大的便利。

在许多大的网站中都提供了搜索服务，如搜狐、网易、新浪等。近两年由于商业利益的原因一些专门提供搜索服务的网站也应运而生，由于这些网站是专门提供搜索服务的，因此使用它们用户会得到更加详尽的搜索结果，目前国内有很多优秀的搜索网站，如百度（http://www.baidu.com）、搜狗（http://www.sogou.com）等。

百度是目前国内一个比较优秀的搜索引擎，下面我们简单介绍一下使用百度搜索资料的基本方法。

Step 01 在Internet Explorer的地址栏中输入百度的网址http://www.baidu.com，按Enter键，打开百度主页，如图8-23所示。

图8-23　百度主页

Step 02 在搜索框中输入关键词，如输入"叙利亚危机"，单击"百度一下"按钮，百度会寻找所有符合您全部查询条件的资料，并把最相关的网站或资料排在前列，如图8-24所示。

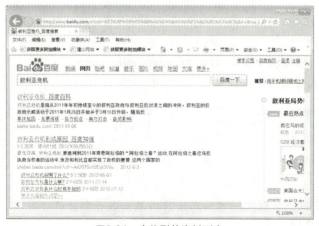

图8-24　查找到的资料列表

Step 03 在"搜索结果"列表中寻找自己需要的结果,然后单击链接打开相应的网页查看,如单击"叙利亚危机百度百科"链接,则打开百度百科对叙利亚危机介绍的网页,如图8-25所示。

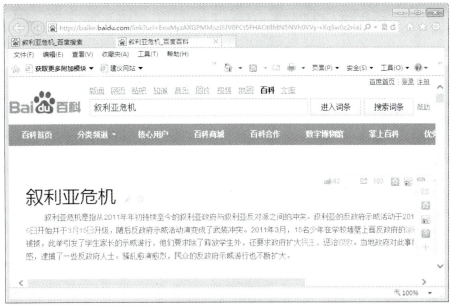

图8-25 查找到的详细资料

 提示

默认情况下,使用百度搜索出来的是网页资料。如果用户需要搜索的资料是图片,可以单击"图片"主题,然后在搜索栏中输入关键词,则搜索出的结果为图片。当然如果用户要搜索的是视频,则单击"视频"主题,然后在搜索栏中输入关键词,则搜索出的结果为视频。

动手做2 使用浏览器下载资源

如果用户在浏览时需要保存某些网页页面,只需选择"文件"菜单中的"另存为"命令,即可将该网页保存在本地硬盘上。但当用户要下载一些常用的软件时,就不能简单地使用"另存为"命令了。

一般而言,在Internet上允许下载的软件都是以压缩文件的形式链接到一个超级链接,如果用户需要下载这些软件,只需到相应的下载位置单击该超级链接,然后会打开一个文件下载对话框。例如,在浏览器中下载"搜狗输入法"应用程序,基本步骤如下。

Step 01 在Internet中利用搜索功能找到可以下载"搜狗输入法"的相关网页,如图8-26所示就是一个提供下载"搜狗输入法"链接的网页。

Step 02 将鼠标指针移到"立即下载"上,当鼠标变成"手状"图标时单击鼠标,在浏览器的下方将打开如图8-27所示的窗口。

Step 03 单击"保存"按钮则浏览器开始下载文件,如图8-28所示。

Step 04 下载完毕,进入如图8-29所示的界面。单击"运行"按钮,则运行下载的文件,单击"打开文件夹"按钮,则打开下载文件保存的文件夹。

图8-26 搜狗输入法下载页面

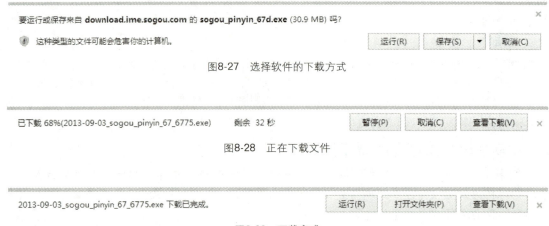

图8-27 选择软件的下载方式

图8-28 正在下载文件

图8-29 下载完成

 教你一招

目前在互联网上有一些专门提供软件下载的软件，如天空下载、华军软件园等。如果用户需要下载一些常用的软件，可以到这些专门的网站去下载。进入天空下载的主页（http://www.skycn.com），如图8-30所示。用户可以在页面中单击各个分类进入分类页面寻找自己需要的软件，也可以在"全站搜索"文本框中输入软件的名称进行搜索。

图8-30　天空下载网站首页

动手做3　使用下载工具下载资源

迅雷使用的多资源超线程技术基于网格原理，能够将网络上存在的服务器和计算机资源进行有效的整合，构成独特的迅雷网络，通过迅雷网络各种数据文件能够以最快的速度进行传递。多资源超线程技术还具有互联网下载负载均衡功能，在不降低用户体验的前提下，迅雷网络可以对服务器资源进行均衡，有效降低了服务器负载。

使用迅雷下载资源首先应该安装迅雷软件，迅雷软件是一个免费软件，用户可以到网上下载并根据说明进行安装，启动迅雷的界面如图8-31所示。

图8-31　迅雷界面

例如，利用迅雷下载腾讯QQ2013，具体操作方法如下。

Step 01 在Internet中利用搜索功能找到可以下载"腾讯QQ2013"的相关网页，图8-32所示为一个提供下载"腾讯QQ2013"的官方网页。

Step 02 在下载链接上右击，打开一个快捷菜单，如图8-32所示。

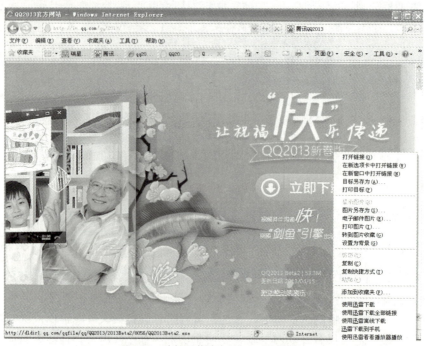

图8-32 选择下载站点并打开右键菜单

Step 03 在快捷菜单中选择"使用迅雷下载"命令，打开"新建任务"对话框，如图8-33所示。

图8-33 "新建任务"对话框

Step 04 在"新建任务"对话框中选择下载文件的存放路径，当然，也可采用迅雷默认的文件夹，单击"立即下载"按钮，迅雷开始下载，如图8-34所示。

Step 05 如果自己下载的软件较大、需要的时间较长，在下载的过程中用户需要关闭计算机离开，则用户可以单击"暂停任务"按钮，停止下载。

Step 06 下次用户启动计算机后可以继续运行迅雷程序，在迅雷窗口的"正在下载"列表中显示了原来没有下载完成的任务，如图8-35所示。

Step 07 在列表中选中需要继续下载的软件，单击"开始"按钮，迅雷会自动连接下载服务器，从断点处继续下载。

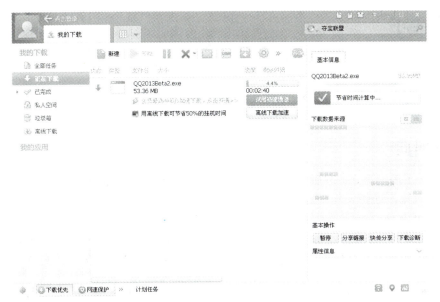

图8-34 迅雷下载页面

图8-35 从断点处继续下载软件

提示

在某些下载页面中会显示使用某种下载工具下载的链接，如某些下载页面会显示使用快车下载或使用迅雷下载等链接，用户在下载的时候一定要注意自己的计算机上是否安装了这种下载工具，如果没有安装则不要单击该链接进行下载。

巩固练习

使用浏览器在网上下载一个软件。

项目任务8-4 实用信息查询

探索时间

1. 小王下周一要去北京参加一个会议,由于小王没去过北京,他不知道从昆明到北京有哪些车次的火车,这些火车什么时间发车,什么时间到站,他是否能从网上查询到这些信息?应该如何进行查询?

2. 小王参加会议的地址是北京交通大学,他不知道下了火车后应该如何乘坐公交车才能到达目的地,他是否能从网上查询到从北京西客站如何乘坐公交车才能到达国贸大厦?应该如何进行查询?

动手做1 查询建筑、餐厅、旅游景点

百度地图搜索的使用很简单,搜索地点的大致方法如下。

Step 01 在浏览器地址栏输入百度地图的网址:http://map.baidu.com打开百度地图页面,如图8-36所示。

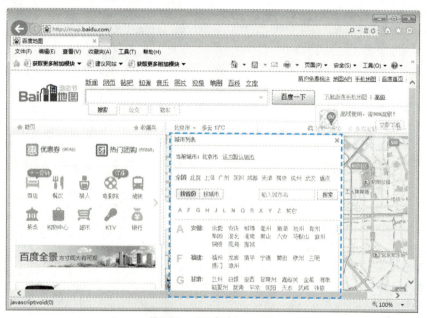

图8-36 "百度地图"页面

Step 02 单击"修改城市"按钮,打开"城市"列表,在列表中选择城市,如这里选择"北京"。

Step 03 在"百度地图"页面上面的文本框中输入要查找的地点关键字,如输入"清华大学",然后单击"百度一下"按钮进行查找。

Step 04 如果在所选城市范围内有多个与搜索地点关键字有关的结果,会在页面左边以分页列表的形式显示,用户可根据需要单击列表中显示的地点,如图8-37所示。

使用Windows 7浏览Internet 08

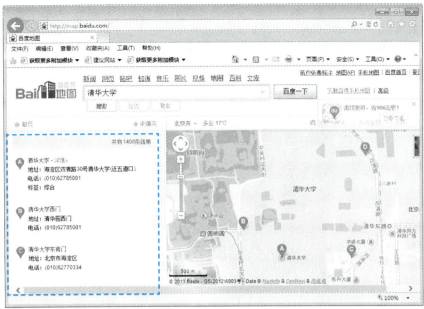

图8-37　查询结果列表

Step 05　在这里单击"清华大学西门",则会在页面中显示"清华大学西门"的位置,同时在显示的小页面中会显示出该位置详细的信息,如图8-38所示。

Step 06　用户可以利用地图左边的"放大"和"缩小"按钮调整地图的大小比例,还可以利用"移动"按钮上下左右平移地图。

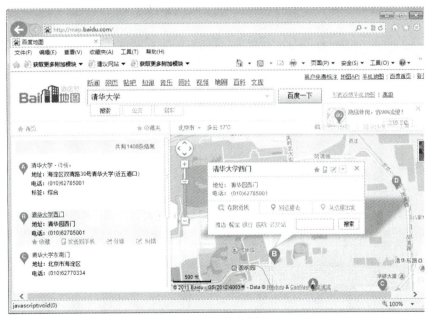

图8-38　位置的查询结果

动手做2　查询公交换乘或驾车路线

这里以使用百度地图为例介绍一下如何换乘公交车,基本方法如下。

179

Windows 7基础与应用

Step 01 打开"百度地图"页面,首先在搜索框的下面单击"公交"按钮;然后单击页面中的"修改城市"按钮,打开"城市"列表,在列表中选择城市如选择"北京";在"起始地址"文本框中输入起始点,如输入"北京西客站",在"终点地址"文本框中输入到达的终点,如"北京交通大学"。

Step 02 单击"百度一下"按钮,则进入"公交换乘"页面,如图8-39所示。

Step 03 在左侧列出了公交和地铁换乘的不同方案,单击具体的换乘方案,则会列出该方案的具体换乘方式,而且还会在地图中显示出相应的路线图,如图8-39所示。

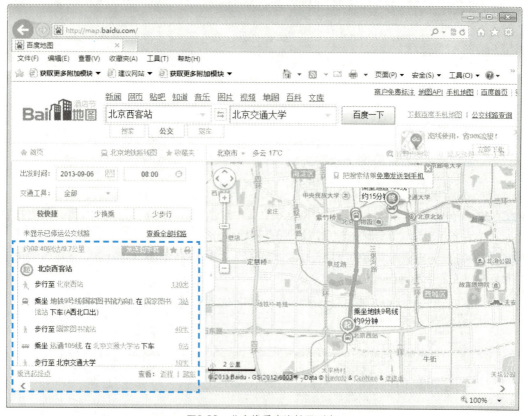

图8-39 公交换乘查询结果列表

教你一招

默认情况下在页面左侧显示的方案是较快捷的方案,用户还可以选择少换乘、少步行等方案,用户只需在左侧页面单击相应方案即可。另外用户还可以对出发时间进行设置,这样可以清除已停运的公交方案。

提示

现在大多数城市都在网上发布了本地的网上地图和公交查询服务,为了能够使查找更为精确,用户在查找某个城市的地图或公交路线时可以使用本市发布的网上地图和公交查询服务,如用户在查询北京的公交路线时,可以登录北京公交网进行查询,如图8-40所示。

图8-40　北京公交网

动手做3　火车车票查询

通过网络查询火车车次为出行提供了很大方便，目前互联网上的专业火车车次查询网站有很多，用户可直接在百度搜索引擎中查询"火车车次查询"关键字查找这些网站，这里着重介绍制作和信息比较专业、功能全面的12306铁路客户服务中心（http://www.12306.cn），网站首页如图8-41所示。

图8-41　12306铁路客户服务中心

在铁路客户服务中心查询火车票的基本方法如下。

Step 01 在网站首页页面的左侧可以看到一个列表,在这里如果单击"旅客列车时刻表查询"按钮则进入列车时刻表查询页面,如图8-42所示。单击"列车时刻表查询"按钮,打开一个下拉列表,在列表中用户可以选择查看的方式,默认是按车次查询,这里选择"发到站查询"。

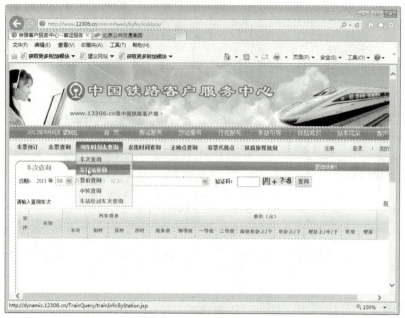

图8-42　发到站查询

Step 02 在日期中选择日期,在"发站"输入框中输入站名,如输入"郑州";在"到站"输入框中输入站名,如输入"广州";在始发与过路区域选中"全部"单选按钮;在列车类型区域选中"动车"复选框;输入验证码,然后单击"查询"按钮,即可得到车次的查询结果,如图8-43所示。

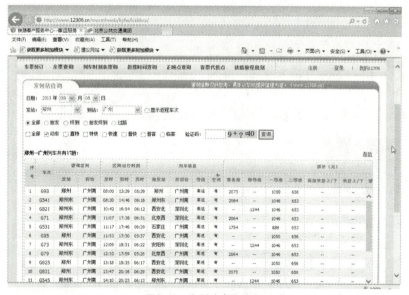

图8-43　发到站查询结果

Step 03 单击"余票查询"按钮,进入余票查询页面。在"出发地"文本框中输入始发地车站,如输入"郑州";在"目的地"文本框中输入目的地城市,如输入"广州";在"出发时间"下拉列表框

使用Windows 7浏览Internet 08

中选择出发时间；选择列车类型，如"动车"，单击"查询"按钮，则显出余票查询的结果，如图8-44所示。

Step 04 在结果列表中用户可以看到哪些车次，还有什么样的票可购买。

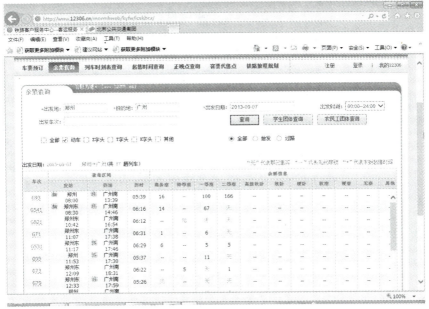

图8-44 余票查询结果

 提示

如果用户有网上银行，在12306铁路客户服务中心首页中单击"购票/预约"按钮则进入如图8-45所示的登录页面。在页面中用户输入"用户名"和"登录密码"，单击"登录"按钮，在登录的页面中用户可以在网上订票，如果用户还没有用户名和密码，则需要单击"新用户注册"按钮注册一个新的用户。

图8-45 用户登录页面

动手做4 天气预报查询

现在，通过网络不听广播不看电视也可以随时知道全国各地的天气情况，这里推荐一个由中央气象局中央气象台开办的专业气象预报网站：http://www.nmc.gov.cn。

183

在气象预报网站上查询天气预报的基本方法如下。

Step 01 在浏览器中输入网址,打开网站的首页,如图8-46所示。

图8-46 中央气象台首页

Step 02 打开中央气象台首页后,在左侧单击"城市天气预报"链接,打开"城市天气预报"栏目,如图8-47所示。

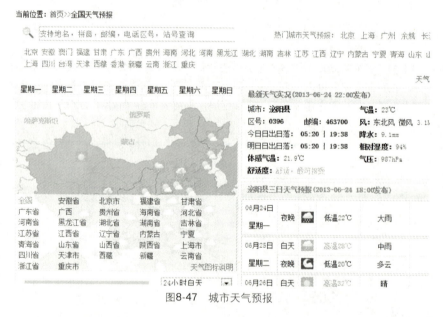

图8-47 城市天气预报

Step 03 单击所要查询的城市所在的省份,如"河南",单击"河南"后页面就会自动的刷新成"河南省天气预报",页面默认显示的是河南省会"郑州"的天气预报,如图8-48所示。

Step 04 滚动右面的滚动条,在页面下方找到要查询的城市,如"周口"。单击"周口"打开新的网页,就可以看到周口未来几天的天气,如图8-49所示。

使用Windows 7浏览Internet 08

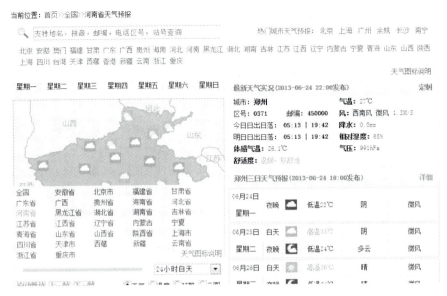

图8-48 河南省郑州天气预报

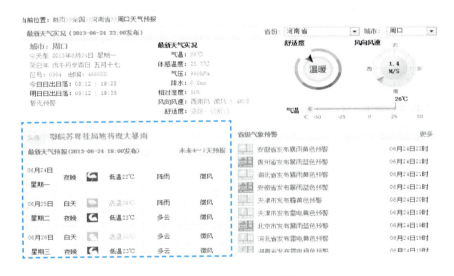

图8-49 河南省周口天气预报

巩固练习

1. 查询一下北京到广州有哪些始发车次？
2. 查询一下石家庄未来几天的天气情况。

项目任务8-5 使用电子邮件

探索时间

小王接到了一个参加会议的通知，公司老总同意小王参会。在参会前小王需要使用电子邮件向会议主办方发送一份会议回执表，以方便会议主办方统计人数、安排食宿。不过小王还没有电子邮箱,他应该如何做?

分析:由于没有电子邮箱,因此小王首先要做的是在网上申请一个免费电子邮箱,然后登录申请的电子邮箱向会议主办方给的电子邮箱中发送会议回执表,如果会议回执表是一个表格文件,在发送时还应以附件的形式发送会议回执表。

动手做1　申请免费电子邮箱

要发送电子邮件,首先必须知道收件人的邮箱地址,就像平常发普通信件时要在收信人栏内填写收信人的地址一样。Internet中的每个电子邮箱都有一个唯一的邮箱地址,用户可以使用专门的客户端软件收发邮件,也可以直接在浏览器中收发邮件,本任务主要介绍在浏览器中收发邮件。

电子邮件地址的格式:user@mail-server-name,其中user是收件人的账号,mail-server-name是收件人的电子邮件服务器名,它可以用域名或用十进制数字表示IP地址。现在用户较常用的电子邮件地址的格式如zhaoshulin@126.com,这是在126网站的免费邮件服务器上申请的账号。该地址表示在电子邮件服务器126.com上有账号为zhaoshulin的电子邮箱,当有邮件发送到该邮箱后,申请邮箱的人就可以接收邮件了。电子邮箱地址的账号由英文字母、0~9的数字、下划线组成,开头必须是英文字母,不能用汉字或运算符号。

现在的许多网站都提供了免费申请邮箱的功能,免费邮箱的申请方法类似,下面就以在http://www.126.com网站上申请免费邮箱为例,介绍一下申请电子邮箱的大体步骤。

Step 01　在浏览器地址栏中输入http://www.126.com,按Enter键即可连接到该网站,在网站的最上方提供了电子邮箱功能,如图8-50所示。

Step 02　单击"注册"按钮,打开"用户注册"窗口,如图8-51所示。在网页中按照注意事项仔细填写各项内容。

Step 03　内容填写完毕,单击"立即注册"按钮,即可注册成功,注册成功后,将自动转到新注册的邮箱中。

图8-50　126网站的首页

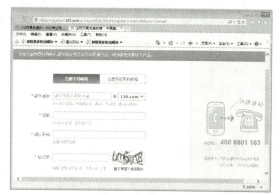
图8-51　"用户注册"窗口

提示

由于在Internet中每个电子邮箱的邮箱地址都是唯一的,因此在注册页面输入邮件地址时如果输入的地址已被注册,则会出现邮件地址被注册的提示,此时用户需要重新注册邮件地址。另外用户还可以使用手机号码注册邮箱,这样好友知道你手机号就能给你发邮件。

动手做2　阅读邮件

申请了新的电子邮箱后，用户就可以在Web上使用自己的电子邮箱了。在http://www.126.com主页的"用户名"文本框中输入用户名，在"密码"文本框中输入设置的密码，然后单击"登录"按钮，即可登录到用户的电子信箱。

登录到电子邮箱窗口后，窗口会提示"收件箱"中未读邮件数。在邮箱中阅读邮件的基本步骤如下。

Step 01　在邮箱窗口左侧的"文件夹"选项组中单击"收件箱"按钮，打开"收件箱"窗口，如图8-52所示。

Step 02　在"收件箱"窗口中列出了收件箱中的所有邮件，并在未读邮件的旁边出现 图标。

Step 03　在"主题"或"发件人"列表中单击要阅读的邮件，即可打开"阅读邮件"窗口，如图8-53所示，此时用户就可以阅读邮件的内容了。

图8-52　"收件箱"窗口　　　　　图8-53　"阅读邮件"窗口

动手做3　撰写和发送邮件

撰写和发送邮件的方法也很简单，具体步骤如下。

Step 01　在"邮箱"窗口左侧单击"写信"按钮，打开"新邮件"窗口，如图8-54所示。

图8-54　"新邮件"窗口

Step 02　在"收件人"文本框中填写收件人的电子邮件地址，如果要发送的电子邮件地址在右侧的通讯录中，用户可以将鼠标定位在"收件人"文本框中，然后在通讯录中单击要发送的电子邮件地址，在"收件人"文本框中会自动显示出要发送的电子邮件地址。

Step03 在"主题"文本框中填写邮件的主题。

Step04 在"正文"文本框中填写邮件内容。

Step05 审核无误后，单击"发送"按钮，即可将邮件发送出去，发送操作完成后打开"发送成功"窗口。

Step06 单击"返回"按钮返回到电子邮箱窗口，单击"再写一封"按钮，再次打开"新邮件"窗口，用户可以继续撰写邮件。

提示

在发送电子邮件时，除了信件的内容以外，用户还可以采用附件的方式将资料或其他的文件发送给他人。在"撰写和发送"窗口中单击"添加附件"按钮，打开"选择文件"对话框，在"文件"列表中选择要插入的文件，然后单击"打开"按钮将文件以附件的方式添加到邮件中，在插入附件后，会在电子邮件的"添加附件"按钮的下方显示出插入的附件，如图8-55所示。用户还可以继续单击"添加附件"按钮添加其他的附件。添加附件后在发送邮件时，附件会一同被发送。

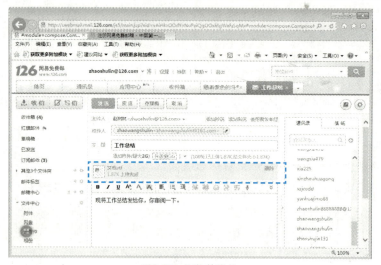

图8-55　添加的附件

动手做4　回复电子邮件

打开邮件后，在邮件的上边有一排按钮，如"回复"、"转发"、"删除"等。在阅读电子邮件后，如果需要回复邮件给发件人可以在"阅读邮件"窗口中单击上方的"回复"按钮，打开"回复邮件"页面。原发件人地址自动添加到收件人地址栏中，在"主题"文本框中将显示原邮件的主题，并且会在主题前加Re:，如图8-56所示。编辑邮件内容，然后单击"发送"按钮即可完成回复。

教你一招

在回复时用户可以单击"回复全部"按钮，此时不但将回复发给发件人，还发给原邮件所有的接收人。

图8-56　回复邮件

动手做5　转发电子邮件

转发邮件有两种形式，可以直接转发邮件，也可以作为附件转发。在"阅读邮件"窗口中单击"转发"按钮，打开"转发邮件"页面，原邮件主题被添加到"主题"文本框中并会在主题前加Fw，原邮件正文内容将自动添加到邮件正文的文本框内，如图8-57所示。在"收件人"文本框中输入收件人地址，然后单击"发送"按钮即可完成转发。

巩固练习

1．在搜狐网站申请一个免费邮箱。
2．利用申请的免费邮箱发送电子邮件。

图8-57　转发邮件

项目任务8-6　使用QQ聊天工具

探索时间

小王的表弟请教小王如何使用QQ进行聊天，小王应如何指导他的表弟？

分析：小王应首先指导他的表弟如何申请QQ号码，然后教他如何查找、添加网友，最后再教他如何收发信息。

动手做1　登录QQ

QQ也就是OICQ，是腾讯科技（深圳）有限公司开发的基于Internet的网络即时通信软件。目前QQ是国内应用最广的网络寻呼软件。QQ的主要功能是查找在线网友，并与在线网友聊天。另外QQ还可以为其用户定时检查邮件、传送文件、发送寻呼机和手机短信息，甚至可以传送语音。

QQ是免费使用的软件，在许多网站都可以找到它的下载网址，当然到http://www.tencent.com（QQ主页网站）上下载是用户的首选。安装QQ的步骤很简单，与一般的软件安装没有什么大的区别，当安装成功后，用户会在桌面上发现一个小企鹅图标，这就是QQ的快捷方式，双击它即可启动QQ。

既然QQ有这么多的优点，不如登录一下来一次全新体验。例如，登录QQ 2013的界面，基本步骤如下。

Step 01　双击QQ图标，打开"QQ用户登录"窗口，如图8-58所示。

Step 02　在"QQ号码"下拉列表框中输入QQ号，然后在"QQ密码"文本框中输入登录密码。

Step 03　单击"登录"按钮，即可进入QQ界面，如图8-59所示。

图8-58　"QQ用户登录"窗口

图8-59　QQ的界面

提示

在使用QQ前应首先申请一个QQ号码，如果用户还没有申请QQ号码，在"QQ用户登录"窗口中单击"注册账号"按钮进入"QQ注册"页面，如图8-60所示。在该页面中给出了三种申请方法，不同的申请方法的具体步骤是不同的，在申请时用户输入相应的信息，然后根据系统给出的提示一步步进行操作。

图8-60 "QQ注册"页面

动手做2 查找网友

要使用QQ进行聊天，首先要将对方添加到QQ的好友列表中，用户可以根据QQ号、昵称、姓名、E-mail地址等关键词来查找，找到后将其加入到好友列表中。查找网友的基本步骤如下。

Step 01 在界面底端单击"查找"按钮，打开"查找"对话框，如图8-61所示。

Step 02 如果用户知道要查找的精确信息，如对方QQ号码，则可以直接在"查找"文本框中输入QQ号码，单击"查找"按钮，打开查找结果窗口，如图8-61所示。

图8-61 查找结果

Step 03 在查找结果中，如果对方的头像发灰表示对方不在线，如果对方的头像发亮表示对方在线。在窗口中单击用户头像或用户昵称，都可以打开"查看资料"对话框，用户可以查看该网友的资料。单击"加为好友"按钮，打开"对方验证您的身份"对话框，如图8-62所示。

Step 04 用户可以在"请输入验证信息"文本框中输入表明自己身份的内容，单击"下一步"按钮，进入如图8-63所示的对话框。在这里设置要加入好友的备注姓名，并选择分组。

Windows 7基础与应用

Step 05 单击"下一步"按钮,进入"完成"对话框。在该对话框中显示"添加请求已发送,等待对方确认"信息,单击"完成"按钮。

图8-62 输入验证信息

图8-63 选择分组

发送验证信息后对方消息区中的QQ头像不断闪烁,双击小喇叭会打开"好友验证"窗口,如图8-64所示。在窗口中单击"同意并添加为好友"右侧的箭头,在列表中可以选择同意或拒绝。如果对方同意加为好友,单击"确定"按钮后,自己消息区中的QQ头像也会不断闪烁,双击小喇叭会打开聊天界面。

图8-64 "好友验证"窗口

提示

用户还可以使用"高级查找"设置更为详尽的查找条件,在"查找"窗口中选择"找人"选项卡,如图8-65所示,在窗口中用户可以设置年龄、性别及所在地等更为详细的查找条件。

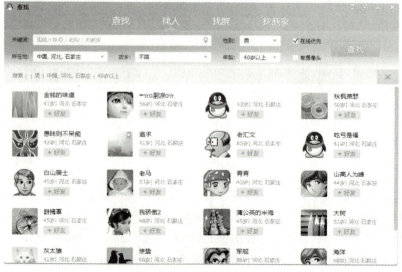

图8-65 条件查找

注意

如果对方设置了拒绝任何人加他为好友，则用户就不能加他为好友。

动手做3　收发信息

添加好友成功后，好友会显示在面板上的好友名单中，当组内好友较多时，窗口内会有上、下箭头，用鼠标单击箭头可上下移动好友列表。彩色的头像表示对方现在也在使用QQ，用户可以和他（她）联系；而黑白的头像则表示对方此时不在线，用户发送的消息要通过服务器中转，等对方下次使用QQ时才能看见。

发送消息是QQ最常用和最重要的功能，发送消息的基本步骤如下。

Step 01　在QQ面板中"我的好友"组中的在线好友头像上右击，在弹出的快捷菜单中选择"发送即时消息"命令或者直接双击好友的头像，打开"聊天界面"窗口，如图8-66所示。

Step 02　把要说的话输入到下面的"发送"文字框中，如写上"你什么时候来？"输入的文字也可以从其他地方复制粘贴过来。

Step 03　单击"发送"按钮或使用Alt＋S组合键，将输入的信息发送给对方。发送消息后对方可能会立刻收到，也可能会稍迟一点收到，这要根据网络的通信状况而定。

好友向你发送消息后，QQ如果是打开的，可以及时收到。如果当时没有打开，以后上线时会收到消息，收到消息后有声音提示，同时在系统托盘处出现闪动的头像，双击该头像即可弹出"聊天界面"窗口，并且对方发送的消息显示在上面的窗口中。看过对方的消息后如果想回复，在"发送"文字框中输入消息后单击"发送"按钮即可回复对方，如图8-67所示。

图8-66　发送消息

图8-67　"即时聊天"界面

提示

在发送消息时用户还可对发送消息所显示的字体进行设置，单击"字体选择工具栏"按钮，打开"字体"工具栏，在工具栏中用户可以对发送消息的字体进行设置，如图8-68所示。另外，用户还可以在发送的消息中添加一些表情。单击"选择表情"按钮，打开"表情"列表，在"表情"列表中用户可以选择适当的表情来表达自己的感情，如图8-69所示。

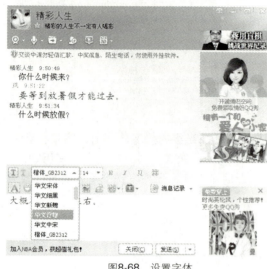
图8-68　设置字体

图8-69　发送表情

教你一招

如果双方的计算机都安装了视频设备，用户还可以进行语音视频聊天。单击"开始视频会话"按钮，对方收到消息后会自动打开"收发信息"窗口，在窗口中单击"接受"按钮即可开始视频会话。另外，用户还可以在"聊天界面"窗口中单击"传送文件"按钮，然后在列表中选择"发送文件/"文件夹"命令向对方传送文件。

巩固练习

使用QQ和好友聊天。

项目任务8-7　使用微博

探索时间

看着身边的同事一个个都开通了微博，小王决定开通自己的微博，他应该如何操作？

微博客（Micro Blog或Micro Blogging），顾名思义是微型博客的简称。是一个基于用户关系的信息分享、传播及获取平台，用户可以通过Web、WAP及各种客户端组建个人社区，以140字左右的文字更新信息，并实现即时分享。

微博相比传统博客那种需要考虑文题、组织语言修辞来叙述的长篇大论，以"短、灵、快"为特点的"微博"几乎不需要很高成本，无论是用计算机还是手机，只需三言两语，就可记录下自己某刻的心情、某一瞬的感悟，或者某条可供分享和收藏的信息，这样的即时表述显然更加迎合人们快节奏的生活。

微型博客可分为两大市场，一类是定位于个人用户的微型博客，另外一类是定位于企业客户的微型博客。

使用微博必须先进行注册。例如，使用新浪微博用户可以使用邮箱或手机进行注册，注册页面如图8-70所示。邮箱注册后到邮箱里激活，短信注册需要填写收到的手机注册码。

图8-70 微博注册页面

下面我们就以新浪微博为例简要介绍一下微博的使用方法。

Step 01 发表微博。用户可以将在生活中看到、听到、想到的,微缩成一句话或者一张图片,发到新浪微博上和您的朋友分享。登录微博后,在"我的首页"上方的输入框中填写你想说的话,单击"发布"按钮,如图8-71所示。同时用户也可以绑定手机,通过手机随时随地发表所看到、聆听到、感悟到的一切。发表微博的方式可以分为两种:计算机使用及手机(彩信、短信、WAP)使用。

图8-71 发表微博

Step 02 添加关注。在微博里,任何人都有可能是Super Star,成为亿万人关注的焦点。关注是一种单向、无须对方确认的关系,只要您喜欢就可以关注对方,类似于"添加好友"。关注他人,你只要通过对方昵称,单击他的微博页头像下方的"关注"按钮,就成功关注了他,如图8-72所示。添加关注后,系统会将该网友所发的微博内容显示在你的微博中,使你可以及时了解对方的动态。你"关注"的人越多,则你获取的信息量越大。

图8-72 添加关注

Step 03 拥有粉丝。假设有人关注了你,那么他(她)就成为你的粉丝了。多关注别人,别人也会关注你,你的粉丝会越来越多,邀请身边的朋友来关注你的微博,也是一种快速获得粉丝的好办法。

Step 04 参与话题。你可以就当下最火爆、最热闹的事件发起话题或讨论。发起或者参与话题讨论,可以认识更多的网友,和他们成为朋友,分享更多的信息。在发微博的输入框下面有一个"话题"按钮,单击后就会出现"#在这里输入你想要说的话题#",用户可以在双井号之间输入话题关键字,然后在外面写你想说的话,到时这类话题就会聚集在一起,其他人就可以看到。

Step 05 评论、转发。用户看到一个博文后可能会有感而发,此时用户可以对该博文进行评论,也可以转发该博文。在博文的下面,单击"评论"按钮,则用户可以在"评论"文本框中输入评论的内容,然后单击"评论"按钮发表评论。在博文的下面,单击"转发"按钮,则可以对该博文进行转发,如图8-73所示。

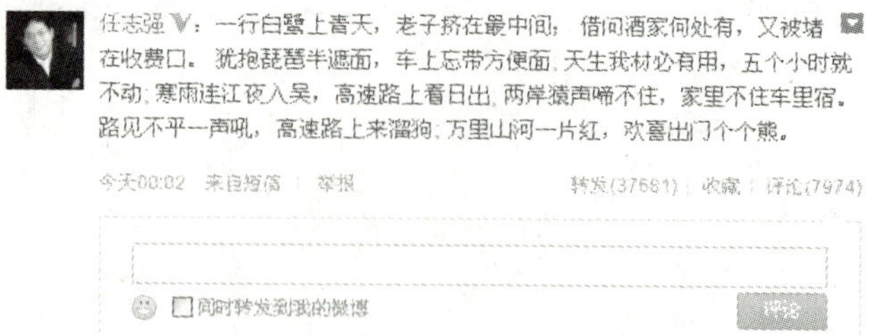

图8-73 评论博文

课后练习与指导

一、选择题

1. 对于个人用户来说，目前Internet常用的接入方式是（　　）。
   A．使用电话线拨号上网　　　　　　B．ADSL 宽带接入
   C．WLAN无线接入　　　　　　　　D．使用上网卡接入

2. 下列关于浏览网页的说法正确的是（　　）。
   A．用户可以在浏览器的地址栏中输入网址浏览网页
   B．用户可以利用网页中的链接打开相应网页
   C．用户可以将网页中的图片或者整个网页保存在本地计算机中
   D．使用浏览器的收藏夹功能可以收藏用户喜爱的网页

3. 下列关于电子邮件的说法正确的是（　　）。
   A．所有的电子邮箱都是免费的
   B．用户可以在浏览器中收发邮件也可以使用电子邮件客户端软件收发邮件
   C．要使用电子邮件用户必须要有电子邮箱地址
   D．一个人只能使用唯一的电子邮箱地址

4. 下列哪项是QQ聊天工具具有的功能？（　　）
   A．与网友聊天　　　　　　　　　　B．在群中和网友进行群聊
   C．收发文件　　　　　　　　　　　D．远程协助

5. 下面关于微博的说法正确的是（　　）。
   A．使用微博必须先注册账号
   B．用户可以对别人发表的微博话题进行评论
   C．用户可以转发别人发表的微博话题
   D．使用微博发表话题不受文字字数的限制

6. 下面关于网络资料的搜索与下载说法错误的是（　　）。
   A．使用搜索引擎可以搜索网页、图片、音乐等各种信息
   B．所有的网站都提供了搜索引擎服务
   C．用户可以使用浏览器下载资源
   D．使用下载工具下载资源必须要安装相应的下载工具软件

7. 在12306铁路客户服务中心用户可以进行以下哪些信息查询？（　　）
   A．车次　　　B．票价　　　　　　C．列车途经车站　　　　D．余票

8. 下列关于查询公交换乘或驾车路线的说法正确的是（　　）。
   A．在使用百度地图进行查询时，首先应选择城市
   B．用户还可以使用其他网站查询公交换乘或驾车路线
   C．在使用百度地图进行查询时，用户还可以选择不同的方案
   D．在使用百度地图进行查询时，无论选择哪种方案，搜索结果只显示一个最佳结果
9. 如果给下列4个邮箱发邮件，哪个能收到？（　　）
   A．信息技术234@sohu.com   B．jhxx520@yahoo.com
   C．jhxx*-*@163.com   D．999jhxx@21cn.com

二、填空题

1. 在Windows 7中集成了_____浏览器。
2. 在网页图片上右击，在弹出的快捷菜单中选择"_____"命令可将图片保存。
3. 在要保存的网页中选择"_____"菜单中的"_____"命令可将网页保存。
4. 百度网站的网址是_____。
5. 电子邮件地址由两部分组成：_____和_____。
6. 微博是一个基于用户关系的信息分享、传播及获取平台，用户可以通过_____、_____，以及各种客户端组建个人社区。
7. 选择"_____"菜单中的"_____"命令，打开"Internet 选项"对话框，在对话框的"_____"选项卡中用户可以设置主页。
8. 在网页中选择"_____"菜单中的"_____"命令，打开"添加收藏"对话框，用户可以利用该对话框来收藏网页。

三、问答题

1. 目前Internet常用的接入方式有哪些？
2. 在Internet Explorer中如何收藏喜爱的网页？
3. 电子邮箱地址的账号由什么组成？
4. 如何回复邮件？
5. 如何使用QQ传送文件？
6. 在微博中如何关注好友？
7. 如何使用发到站查询列车车次？
8. 如何将某个网页设置为主页？

四、实践题

练习1：在http://www.126.com网站中申请一个免费的邮箱。
练习2：利用发送的邮箱向好友发送电子邮件并添加附件。
练习3：在QQ中申请一个新账号，并添加好友。
练习4：使用迅雷下载工具下载一个媒体播放器。
练习5：在网页中将喜爱的图片另存。
练习6：利用余票查询功能查询一下北京到广州的哪些车次在未来三天还有余票。

模块 09 Windows 7的安全管理

你知道吗？

Windows 7操作系统中的大部分默认设置都是以保证安全为前提的，然而安全性和易用性就像鱼和熊掌，永远不可兼得。因此，在实际使用的过程中，我们可能还需要根据具体情况调整设置，提高易用性。

学习目标

- 用户账户管理
- 家长控制
- Windows 7的安全防护工具

项目任务9-1 用户账户管理

探索时间

最近由于办公室的另外一台公用计算机出现了故障，因此同事有时需要使用小王的计算机，为了防止其他同事随意更改自己计算机上的设置而且还要保障其他同事能够使用自己的计算机，他应该如何做？

分析：小王可以首先为自己的账户设置密码不让其他同事轻易访问自己的账户，然后创建一个新的账户供同事登录，当然也可以开启来宾账户供同事登录。

动手做1 新建用户账户

在安装系统时必须创建一个管理员账户才能使用计算机，如果一台计算机有多个用户使用，计算机管理员可以创建新的账户。

创建账户的具体步骤如下。

Step 01 在"开始"菜单中单击"控制面板"选项，打开"控制面板"窗口，在"查看方式"列表中选择"小图标"，然后单击"用户账户"选项，打开"用户账户"窗口，如图9-1所示。

Step 02 单击"管理其他账户"选项，打开"管理账户"窗口，如图9-2所示。

Step 03 单击"创建一个新账户"选项，打开"创建新账户"窗口，在文本框中输入新账户的名称，如"办公室"，然后选择新账户的类型，如选中"标准用户"单选按钮，如图9-3所示。

图9-1 "用户账户"窗口

图9-2 "管理账户"窗口

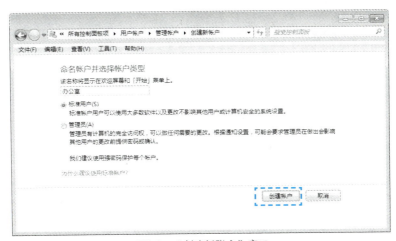

图9-3 "创建新账户"窗口

Step 04 设置完毕单击"创建账户"按钮,返回到"管理账户"窗口,将创建名为办公室的用户账户,如图9-4所示。

图9-4 创建新用户账户

动手做2 更改账户

计算机管理员有权更改自己的和其他用户账户的有关信息,并且可以删除账户,而标准账户只能更改自己账户的信息。

更改账户的基本方法如下。

Step 01 如果用户是以计算机管理员身份登录的,在控制面板中打开"用户账户"窗口,单击"管理其他账户"选项,打开"管理账户"窗口,单击要修改的用户账户,如"办公室",打开"更改账户"窗口,如图9-5所示。

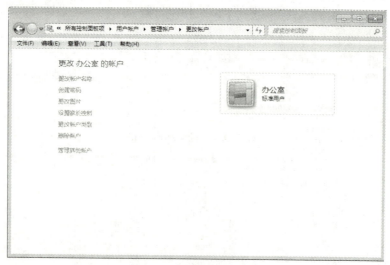

图9-5 "更改账户"窗口

Step 02 在窗口中用户可以根据要更改的具体信息单击相应的选项,在出现的对话框中用户可以进行具体的修改。这里单击"创建密码"选项,打开"创建密码"窗口,如图9-6所示。

Step 03 输入密码,然后单击"创建密码"按钮,返回"更改账户"窗口,密码创建成功,用户可以继续更改账户的其他设置。

图9-6 "创建密码"窗口

动手做3　启用或禁用来宾账户

来宾账户可以让在计算机上没有用户账户的任何人访问计算机。必须是以计算机管理员身份登录的账户,才能打开和关闭计算机上的来宾账户。

打开或关闭来宾账户的方法如下。

Step 01 在"管理账户"窗口中单击"Guest账户"图标,进入"启用来宾账户"窗口,如图9-7所示。

Step 02 单击"启用"按钮,将激活来宾账户,在该计算机上没有账户的用户也可以登录计算机。

图9-7　启用来宾账户

Step 03 如果来宾账户是激活的,在"管理账户"窗口中单击"Guest账户"图标,进入"更改来宾选项"窗口,在窗口中单击"关闭来宾账户"选项将取消激活来宾账户,如图9-8所示。

Windows 7基础与应用

图9-8 关闭来宾账户

巩固练习

1．在计算机上开启（关闭）来宾账户。
2．利用管理员账户登录计算机，然后更改计算机中某个账户的图片。

知识拓展——用户账户类型

1．计算机管理员账户

管理员可以更改安全设置，安装软件和硬件，访问计算机上的所有文件，管理员还可以对其他用户账户进行更改。

2．标准账户

用户可以通过标准用户账户使用计算机的大多数功能，用户可以使用计算机上安装的大多数程序，并可以更改影响用户账户的设置。但是，用户无法安装或卸载某些软件和硬件，无法删除计算机工作所需的文件，也无法更改影响计算机的其他用户或安全的设置。如果用户使用的是标准账户，系统可能会提示用户先提供管理员密码，然后才能执行某些任务。

3．来宾账户

来宾账户是供那些在计算机上没有用户账户的人使用的。通过来宾账户，用户可以临时访问计算机。使用来宾账户的人无法安装软件或硬件，无法更改设置或者创建密码。

项目任务9-2 家长控制

探索时间

为了阻止办公室的工作人员在上班的时候使用QQ进行聊天，小王决定将办公室账户的QQ程序禁用，他应怎样操作才能做到这一点？

动手做1 控制用户使用计算机的时间

使用家长控制功能需要有两种用户账户类型：一种就是设置控制功能的管理员账户；另一种就是被控制的用户账户，该类账户必须是标准账户类型。因此，计算机中必须有标准账户用户，然后使用管理员账户登录系统，对标准账户进行权限设置即可。

控制用户使用计算机的时间的具体操作步骤如下。

Step 01 在"开始"菜单中单击"控制面板"选项,打开"控制面板"窗口,在"查看方式"列表中选择"小图标",然后单击"家长控制"选项,打开"家长控制"窗口,如图9-9所示。

图9-9 "家长控制"窗口

Step 02 在"家长控制"窗口中单击要设置家长控制的用户账户名称,如这里单击办公室账户,打开"用户控制"窗口,如图9-10所示。

图9-10 "用户控制"窗口

Step 03 选中"启用,应用当前设置"单选按钮即可开启家长控制功能。

Step 04 单击"时间限制"选项,打开"时间限制"窗口,如图9-11所示。在窗口中显示一个表示一周内时间和日期的表格,白色方格表示允许使用计算机的时间,蓝色方格表示禁止使用计算机的时间。单击或拖动方格可将其设置为蓝色,再次单击蓝色方格将变为白色。

Step 05 用户可根据需要选择任意时间和日期,设置好后单击"确定"按钮即可。

Windows 7基础与应用

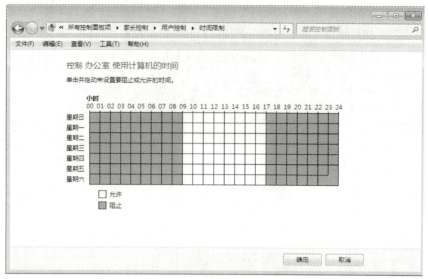

图9-11 设置限制使用计算机的时间

动手做2 控制用户可玩的游戏

使用家长控制功能，还可以设置允许用户可玩的游戏类型。具体操作步骤如下。

Step 01 在"用户控制"窗口中单击"游戏"选项，打开"游戏控制"窗口，如图9-12所示。

Step 02 首先应该设置当前用户是否可以玩游戏，如果选中"否"单选按钮，则就无须再进行设置；如果选中"是"单选按钮，则可以进一步设置游戏的等级。

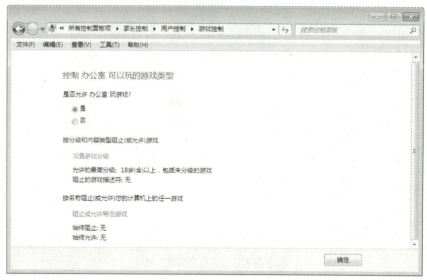

图9-12 "游戏控制"窗口

Step 03 单击"设置游戏分级"选项，将打开"游戏限制"窗口，如图9-13所示。

Step 04 由于是设置游戏分级，因此应该选中"阻止未分级的游戏"单选按钮，禁止用户玩未分级的游戏。然后在下面选择游戏的分级等级，包括儿童、所有人、10岁以上的所有人、青少年、成人、仅成人6类，可以根据不同需要进行选择。设置好游戏等级后，还可以在"阻止这些类型的内容"选项组中选择更详细的游戏限制内容。

Step 05 完成设置后单击"确定"按钮。

图9-13 "游戏限制"窗口

Step 06 如果在"游戏控制"窗口中单击"阻止或允许特定游戏"选项，则打开"游戏覆盖"窗口，如图9-14所示。

Step 07 在"游戏覆盖"窗口中，用户可以设置Windows游戏是否可玩，有"用户分级设置"、"始终允许"和"始终阻止"3个选项。

Step 08 设置好后单击"确定"按钮即可。

图9-14 "游戏覆盖"窗口

动手做3 控制用户可运行的应用程序

使用家长控制功能，可以设置用户可运行的应用程序，这样可以禁止运行一些具有安全危险或特定的程序。具体操作步骤如下。

Step 01 在"用户控制"窗口中单击"允许和阻止特定程序"选项，打开"应用程序限制"窗口，如图9-15所示。

Step 02 选中"办公室只能使用允许的程序"单选按钮，然后在下面的列表框中选择允许用户运行的程序，未选择的程序将不能运行。

Step 03 设置完毕单击"确定"按钮。

图9-15 选择允许用户运行的程序

 教你一招

以后当受限制的用户运行阻止的程序时，将会弹出如图9-16所示的"Windows家长控制"对话框，并显示程序已经被阻止运行。

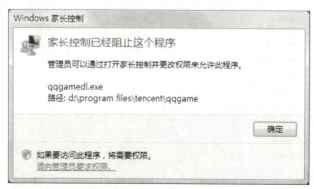

图9-16 "Windows家长控制"对话框

项目任务9-3 Windows 7的安全防护工具

探索时间

为了使计算机能自动查找、下载并安装系统补丁程序，小王应如何对计算机的自动更新功能进行设置？

动手做1 操作中心

Windows 7的操作中心是一个查看警报和执行操作的中心位置，它可帮助保持 Windows 稳定运行。在Windows 7中，用户可以在任务栏的右侧找到一个小旗子的标志。在Windows 7的操作中心中一旦有消息没有处理，操作中心的小旗就会出现一个红叉的标记用于提醒用户。

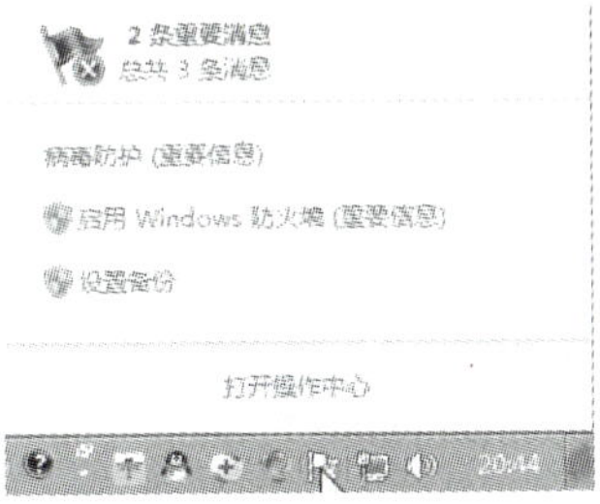

通过将鼠标放在任务栏通知区域中的"操作中心"图标上，可快速查看操作中心中是否有任何新消息。单击该图标可以查看详细信息，如图9-17所示。

在操作中心中用户可以直接单击某消息解决问题，或者单击"打开操作中心"选项打开"操作中心"窗口查看完整的消息，如图9-18所示。

图9-17 操作中心提示

图9-18 Windows操作中心

在"操作中心"窗口中，可以看到这些消息被分成了两类，而且分别用不同的颜色进行了标记。分为安全和维护两大类别，而被红色标记的是重要消息，黄色的则是一般消息，用户可以根据实际情况对操作中心中的问题进行解决。

如果用户想关闭操作中心中某类消息的提示，可以单击操作中心左侧的"更改操作中心设置"选项，打开"更改操作中心设置"窗口，如图9-19所示。在窗口中选中某个复选框可使操作中心检查相应项是否存在更改或问题，清除复选框可停止检查该项。

图9-19 "更改操作中心设置"窗口

⋙ 动手做2　自动更新

更新就是可以防止或解决问题、增强计算机安全性或提高计算机性能的系统补丁程序，自动更新功能就是可以自动查找、下载并安装这些更新的功能。

由于每个用户对更新的频率和方式都有不同的要求，因此用户可以对自动更新进行自定义设置。具体操作步骤如下。

Step 01 在"开始"菜单中选择"所有程序"中的"Windows Update"命令，打开"Windows Update"窗口，如图9-20所示。

Step 02 单击窗口左侧的"更改设置"选项，打开"更改设置"窗口，如图9-21所示。

图9-20 "Windows Update"窗口

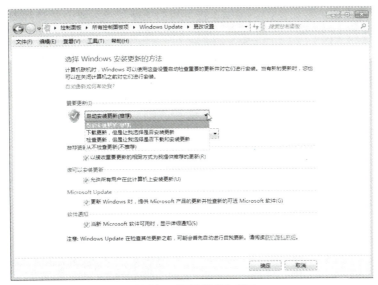

图9-21 "更改设置"窗口

单击"重要更新"下拉列表框右侧的箭头,有4种更新方式可供选择,具体说明如下。
- 自动安装更新:选中该单选按钮可启用自动更新功能,在下面的下拉列表中可设置自动更新的频率及时间。
- 下载更新,但是让我选择是否安装更新:选中该单选按钮会自动下载更新,但是在安装前会让用户选择是否安装。
- 检查更新,但是让我选择是否下载和安装更新:选中该单选按钮会自动检查更新,但是在下载和安装前会让用户进行选择。
- 从不检查更新:选中该单选按钮将关闭自动更新功能,这样系统会变得不安全。

Step 03 设置完毕,单击"确定"按钮。

Step 04 如果未采用自动更新方式,或想在下次的定时更新之前提前进行更新,则可以采用手动检查的方法。单击Windows Update窗口左侧的"检查更新"选项,系统将自动开始检查更新信息,如图9-22所示。

图9-22 正在检查更新

Step 05 如果发现可用的更新程序，则可以单击可用的更新信息，进入"选择要安装的更新"窗口，如图9-23所示。

Step 06 在窗口中选择要安装的更新，单击"确定"按钮开始下载和安装更新。

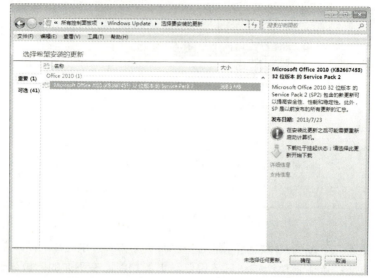

图9-23 "选择要安装的更新"窗口

动手做3　Windows防火墙

防火墙的功能是保护计算机中各种文件数据的安全性，如果在计算机中开启了防火墙，则可以有效阻止黑客或网络中的恶意程序通过网络或Internet侵入个人计算机并展开攻击。

如果在计算机的运行过程中，尤其是接入Internet后，Windows 7操作系统的防火墙处于关闭状态，对于计算机的安全来说是相当危险的。为了系统的安全考虑，应该及时启用Windows 7系统防火墙。具体操作步骤如下。

Step 01 在"开始"菜单中单击"控制面板"选项，打开"控制面板"窗口，在"查看方式"列表中选择"小图标"，然后单击"Windows防火墙"选项，打开"Windows防火墙"窗口，如图9-24所示。

Step 02 单击窗口左侧的"打开或关闭Windows防火墙"选项，进入"自定义设置"窗口，如图9-25所示。

Step 03 用户可以分别对局域网和公网采用不同的安全规则，两个网络中用户都有"启用"和"关闭"两个选择，也就是启用或者是禁用Windows防火墙。当启用了防火墙后，还有两个复选框可以选择，其中"阻止所有传入连接"，包括位于子允许程序列表中的程序在某些情况下是非常实用的，当用户进入到一个不太安全的网络环境时，可以暂时选中这个复选框，禁止一切外部连接，即使是Windows防火墙设为"例外"的服务也会被阻止，这就为处在较低安全性的环境中的计算机提供了较高级别的保护。

Step 04 设置完毕，单击"确定"按钮。

Step 05 在开启防火墙之后，如果需要单独设置某个程序允许通过防火墙进行通信，可以在"Windows防火墙"窗口左侧单击"允许程序或功能通过Windows防火墙"选项，进入"允许的程序"窗口，如图9-26所示。

Step 06 在"允许的程序和功能"列表中选中允许通过防火墙程序即可，如果发现在列表框中没有所需的程序，则可以单击"允许运行另一程序"按钮，在打开的"添加程序"对话框中选择要添加的程序。

图9-24 "Windows防火墙"窗口

图9-25 "自定义设置"窗口

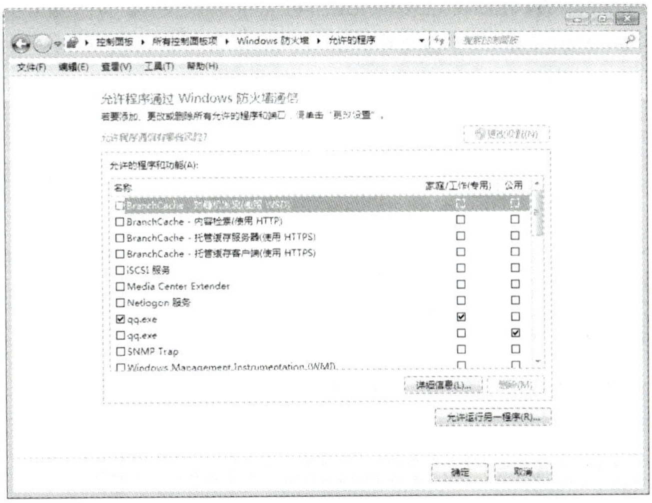

图9-26 "允许的程序"窗口

提示

启用了防火墙的保护功能后,当计算机中运行一个要与Internet连接的程序时,都会弹出"Windows安全警报"对话框,要求用户确认是否允许程序与网络连接,如图9-27所示。在对话框中选中允许通信的网络,单击"允许访问"按钮则允许程序与Internet连接。

图9-27　"Windows安全警报"对话框

动手做4　Windows Defender

Windows Defender是Windows 7系统自带的反间谍软件,可以保护计算机免受间谍软件侵扰。Windows Defender 提供了以下两种方法来帮助防止间谍软件感染计算机。

- 实时保护:Windows Defender 会在间谍软件尝试将自己安装到计算机上并在计算机上运行时向用户发出警告。如果程序试图更改重要的 Windows 设置,它也会发出警报。
- 计划扫描:可以使用 Windows Defender 扫描可能已安装到计算机上的间谍软件,定期计划扫描,还可以自动删除扫描过程中检测到的任何恶意软件。

Windows Defender的基本使用方法如下。

Step 01 在"开始"菜单中单击"控制面板"选项,打开"控制面板"窗口,在"查看方式"列表中选择"小图标",然后单击"Windows Defender"选项,打开"Windows Defender"窗口,如图9-28所示。

Step 02 单击窗口中"工具"按钮,进入"工具和设置"窗口,如图9-29所示。单击"选项"按钮,进入"选项"窗口。

Step 03 在左侧的列表中选择"自动扫描"选项,在右侧的设置区域选中"自动扫描计算机"复选框,即可开启Windows Defender的自动扫描功能。然后在下面用户可以设置自动扫描的频率、时间和类型,如图9-30所示。

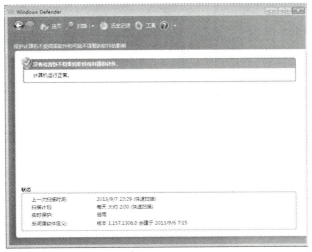

图9-28 "Windows Defender"窗口

图9-29 "工具和设置"窗口

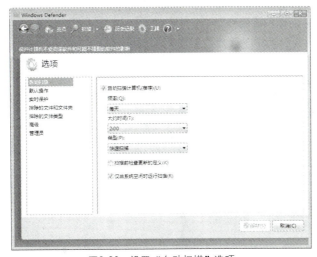

图9-30 设置"自动扫描"选项

Step 04 在左侧的列表中选择"实时保护"选项,在右侧的设置区域选中"使用实时保护"复选框,开启Windows Defender的实时保护功能,如图9-31所示。在实时保护时,间谍软件要尝试安装并运行时,Windows Defender会发出警告,若程序试图更改重要的 Windows 设置,则会发出警报。

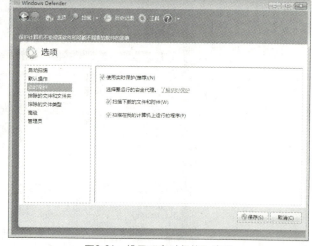

图9-31 设置"实时保护"选项

Step 05 在左侧的列表中选择"高级"选项,在右侧的设置区域中用户可以选择扫描存档文件、电子邮件或可移动磁盘,并可设置"使用启发"、"创建还原点"等操作,如图9-32所示。

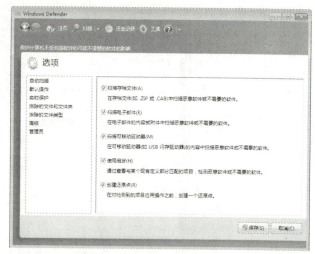

图9-32 设置"高级"选项

Step 06 在左侧的列表中选择"管理员"选项,在右侧的设置区域中选中"使用此程序"复选框,即可开启Windows Defender功能保护系统安全,如图9-33所示。

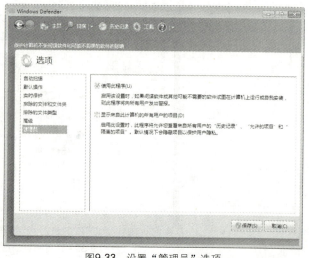

图9-33 设置"管理员"选项

Step 07 设置完毕,单击"保存"按钮,然后在窗口中单击"主页"按钮,返回Windows Defender的主页窗口。

Step 08 在主页窗口中单击"扫描"按钮右侧的箭头,打开"扫描"菜单,如图9-34所示。在Windows Defender中,用户可以选择"快速扫描"、"完整扫描"或"自定义扫描"。特别是可能有间谍软件感染计算机中某特定区域,需要选择要检查的驱动器和文件夹启动自定义扫描。

图9-34 "扫描"菜单

Step 09 单击"扫描"按钮或单击"扫描"菜单中的"快速扫描"命令,Windows Defender即可扫描计算机特定区域中的间谍软件。

Step 10 单击"扫描"菜单中的"完整扫描"命令,Windows Defender即可对计算机进行全盘扫描。

Step 11 单击"扫描"菜单中的"自定义扫描"命令,打开"扫描选项"窗口。选中"扫描选定的驱动器和文件夹"单选按钮,单击"选择"按钮,打开"选择要扫描的驱动程序和文件夹"对话框,如图9-35所示。在对话框中选择要扫描的硬盘,单击"确定"按钮。

Step 12 单击"立即扫描"按钮,则开始扫描选定的驱动器和文件夹。

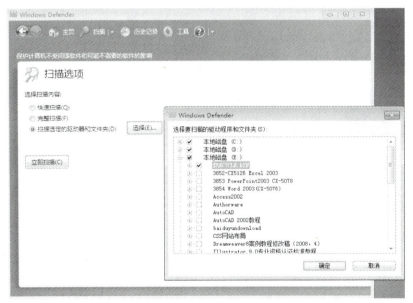

图9-35 自定义扫描

巩固练习

1. 手动检查计算机上的更新。
2. 关闭Windows 7的防火墙,然后观察操作中心的变化。

知识拓展——360安全卫士计算机安全防护软件

360安全卫士是一款由奇虎网推出的功能强、效果好、受用户欢迎的上网安全软件。360安全卫士拥有查杀木马、清理插件、修复漏洞、计算机体检、保护隐私等多种功能,并独创了"木马防火墙"、"360密盘"等功能,依靠抢先侦测和云端鉴别,可全面、智能地拦截各类木马,保护用户的账号、隐私等重要信息。

360安全卫士软件硬盘占用很小,运行时对系统资源的占用也相对较低,是一款值得普通用户使用的较好的安全防护软件,它具有以下功能。

- 计算机体检:对计算机进行详细的检查。
- 查杀木马:使用360云引擎、360启发式引擎、小红伞本地引擎、QVM四种引擎杀毒。
- 修复漏洞:为系统修复高危漏洞和功能性更新。
- 系统修复:修复常见的上网设置、系统设置。
- 计算机清理:清理插件、清理垃圾和清理痕迹并清理注册表。
- 优化加速:加快开机速度。
- 功能大全:提供几十种各式各样的功能。
- 软件管家:安全下载软件、小工具。
- 计算机门诊:解决计算机其他问题(免费)。
- 娱乐功能:360具有强大的娱乐功能。

360安全卫士的主界面如图9-36所示。在主界面中用户可以单击"立即体检"按钮对计算机进行详细的检查,如果检查出问题,用户可以根据提示进行修复。当然,用户也可以单击界面中的其他按钮,然后对计算机进行单项检查。

图9-36　360安全卫士的主界面

课后练习与指导

一、填空题

1. 下列关于用户账户的说法错误的是（　　）。
   A．在Windows 7中可以创建多个账户
   B．来宾账户可以让在计算机上没有用户账户的任何人访问计算机
   C．必须是以计算机管理员身份登录的账户，才能打开和关闭计算机上的来宾账户
   D．账户创建后只能对账户的名称、密码、图片进行更改，不能更改账户的类型
2. 下列关于家长控制的说法正确的是（　　）。
   A．标准账户类型只能设置自己账户的家长控制权限
   B．管理员账户可以设置自己账户的家长控制权限
   C．管理员账户可以设置其他标准账户的家长控制权限
   D．来宾账户无法设置家长控制权限
3. 下面关于操作中心的说法正确的是（　　）。
   A．默认情况下操作中心可以检查防火墙设置和自动更新安全工具的状态
   B．操作中心始终会对检测到系统不安全的内容进行提醒
   C．在操作中心中被红色标记的是重要消息，黄色的则是一般消息
   D．用户可以关闭操作中心中某类消息的提示
4. 下列关于Windows 7的安全防护工具的说法错误的是（　　）。
   A．Windows 7的自动更新功能可以自动搜索下载更新程序
   B．在Windows 7用户可以对不同的类型网络分别设置防火墙
   C．用户可以启用Windows Defender的实时保护功能保护计算机
   D．Windows Defender不具有自动扫描的功能，用户只能手动扫描

二、简答题

1. 如何启用来宾账户？
2. 如何更改账户的图片？
3. 在家长控制中如何控制计算机的使用时间？
4. 使用家长控制必须具备什么条件？
5. 如何将Windows Update设置为"下载更新，但是让我选择是否安装更新"？
6. 如何将Windows Defender设置为每个星期一的上午8点自动扫描？

三、实践题

练习1：在计算机上创建一个新账户PX，并设置账户的图片、密码。
练习2：利用家长控制功能设置账户PX的QQ程序禁止运行。
练习3：设置系统每天的10点自动下载更新并自动安装。
练习4：对Windows 7操作系统中不同的网络类型分别设置防火墙。
练习5：利用Windows Defender对计算机的D盘进行扫描。
练习6：在Windows Defender中启用实时保护功能。

模块 10 Windows 7的优化与维护

你知道吗？

计算机操作系统是计算机系统的灵魂，是控制与管理计算机硬件和软件资源的"管家"。作为用户不但要让系统正常稳定地运行，还要定期对系统进行优化和维护，使它们处于最佳运行状态，提高系统运行效率。

学习目标

- 优化和维护磁盘
- Windows 7的系统优化
- Windows 7常见故障的排除

项目任务10-1 优化和维护磁盘

探索时间

小王的计算机最近在运行时有些缓慢，一个高手告诉他可以将磁盘碎片整理一下看看效果。小王应如何进行磁盘碎片整理？

动手做1 磁盘碎片整理

当用户创建与删除文件和文件夹、安装新软件时，磁盘会形成碎片。通常情况下，计算机会在对文件来说足够大的第一个连续可用空间上存储文件。如果没有足够大的可用空间，计算机会将尽可能多的文件保存在最大的可用空间上，然后将剩余数据保存在下一个可用空间上，并以此类推。当磁盘中的大部分空间都用做存储文件和文件夹后，大部分的新文件则存储在磁盘中的碎片中。删除文件后，在存储新文件时剩余的空间将随机填充。磁盘中的碎片越多，计算机的文件输入/输出系统性能就越低。

使用磁盘碎片整理程序可以分析本地磁盘和合并碎片文件和文件夹，以便每个文件或文件夹都可以占用磁盘上单独而连续的磁盘空间。这样，系统就可以更有效地访问文件和文件夹，以及更有效地保存新的文件和文件夹。通过合并文件和文件夹，磁盘碎片整理程序还将合并磁盘上的可用空间，以减少新文件出现碎片的可能性。合并文件和文件夹碎片的过程称为碎片整理。

对计算机的磁盘进行碎片整理的具体步骤如下。

Step 01 在"开始"菜单中选择"所有程序"菜单中的"附件"命令，继续选择"系统工具"，最后选择"磁盘碎片整理程序"命令，打开"磁盘碎片整理程序"窗口，如图10-1所示。

图10-1 "磁盘碎片整理程序"窗口

Step 02 在"磁盘碎片整理程序"窗口的"磁盘"列表中列出了计算机中所有的磁盘驱动器,单击要进行碎片整理的磁盘驱动器,如这里选择C盘作为碎片整理的对象。

Step 03 在对磁盘进行整理前,建议用户首先对磁盘进行分析,系统对磁盘进行分析后会建议是否对磁盘进行碎片整理。单击"分析磁盘"按钮,碎片整理程序便开始对选定的驱动器进行分析,分析完毕后则会显示出有多少磁盘碎片。

Step 04 如果磁盘的碎片比较多,用户可以单击"磁盘碎片整理"按钮,系统将自动进行碎片的整理。

Step 05 用户还可以设置系统在计划时间内自动进行磁盘碎片整理,在"磁盘碎片整理程序"窗口中单击"启用计划"按钮,打开"修改计划"对话框,如图10-2所示。

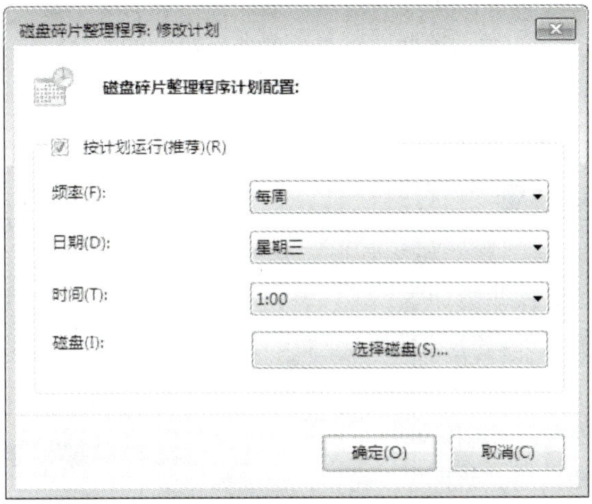

图10-2 "修改计划"对话框

Step 06 选中"按计划运行"复选框,可以启用磁盘碎片整理计划,这样系统将按照指定的时间对磁盘碎片进行自动整理。用户可以在对话框中设置磁盘碎片整理的时间安排及整理的磁盘。

Step 07 单击"确定"按钮,以后到了指定好的时间,系统将自动进行磁盘碎片整理。

动手做2　磁盘清理

在计算机上运行像 Windows 这样复杂的操作系统时，有时，Windows 会使用用于特定目的的临时文件，然后将这些文件保留在为临时文件指派的文件夹中。用户在遨游Internet时也会产生许多Internet 缓存文件。

这些残留文件不但占用磁盘空间，而且会影响系统的整体性能。使用磁盘清理程序可以释放硬盘驱动器空间。磁盘清理程序搜索用户的磁盘驱动器，然后列出临时文件、Internet 缓存文件和可以安全删除的不需要的程序文件。用户可以使用磁盘清理程序删除这些文件的部分或全部。

进行磁盘清理的具体步骤如下。

Step 01　在"开始"菜单中选择"所有程序"菜单中的"附件"命令，继续选择"系统工具"，最后选择"磁盘清理"命令，打开"磁盘清理"窗口，如图10-3所示。

Step 02　在对话框中选择需要清理的驱动器，单击"确定"按钮，计算机开始扫描文件，计算可以在清理的磁盘上释放多少空间，出现如图10-4所示的对话框。

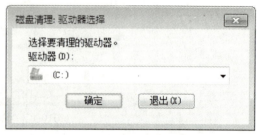

图10-3　选择要清理的驱动器

图10-4　扫描文件

Step 03　计算结束后系统弹出如图10-5所示的对话框，在"要删除的文件"列表框中，系统列出该磁盘上所有可删除的无用文件，选中这些文件前的复选框可以确认是否删除该文件。

Step 04　单击"确定"按钮，系统询问是否确实要删除所选定的文件，单击"删除文件"按钮，删除选定的文件。

动手做3　磁盘检查

用户可以使用错误检查工具来检查文件系统错误和硬盘上的坏扇区，具体操作步骤如下。

Step 01　打开"计算机"窗口，在要检查的磁盘上右击，在快捷菜单中选择"属性"命令，出现"属性"对话框。在对话框中选择"工具"选项卡，如图10-6所示。

Step 02　在"查错"区域单击"开始检查"按钮，出现如图10-7所示的对话框。

Step 03　在对话框中如果选中"自动修复文件系统错误"和"扫描并尝试恢复坏扇区"复选框则在进行磁盘检查过程中系统将自动修复文件系统的错误并尝试着恢复坏扇区。

Step 04　单击"开始"按钮，系统开始对磁盘进行检查。

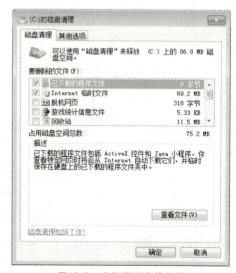

图10-5　选择要删除的文件

图10-6　"磁盘属性"对话框

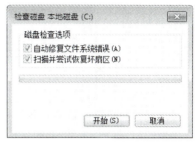
图10-7　"检查磁盘"对话框

提示

执行磁盘检查过程之前必须关闭所有文件。如果磁盘目前正在使用，则会显示消息框提示用户选择是否要在下次重新启动系统时重新安排磁盘检查。

动手做4　格式化磁盘

对磁盘进行格式化是磁盘管理的一个重要内容，当用户开始使用一个新的硬盘时，首先需要将它格式化，这样才能有效地发挥磁盘的作用。对磁盘进行格式化，可以划分磁道和扇区，同时检查出整个磁盘上有无缺陷的磁道，并对有缺陷的磁道加注标记，以免把信息存储在这些坏磁道上。

硬盘的格式化分为高级格式化与低级格式化两种情况。低级格式化，也就是物理格式化，可以通过使用专门的低级格式化应用程序完成，低级格式化会影响磁盘的寿命。高级格式化，则比较简单，在操作系统中可以使用命令直接来完成硬盘的格式化，高级格式化不影响磁盘的寿命。

目前U盘以它的使用简单、携带方便赢得了广大用户的欢迎，但是，由于U盘损坏的概率很大并且容易感染病毒，因此每次使用U盘之前一定要对它进行格式化，以保证数据的安全。

格式化磁盘的具体步骤如下：

图10-8　格式化磁盘

Step 01　打开"计算机"窗口，在要格式化的磁盘上右击，在弹出的快捷菜单中选择"格式化"命令，打开如图10-8所示的对话框。

Step 02　在"文件系统"下拉列表框中用户可选择文件系统的类型，对于硬盘来说一般有NTFS和FAT32两个选项；对于U盘则有FAT32和FAT两个选项。

Step 03　在"卷标"文本框中，输入为该磁盘起的卷标名。卷标也就是磁盘的名字,可以用来标明驱动器之间的区别,使用户正确地辨别,在某些情况下,卷标能够起到保护的作用。

Step 04 在"格式化选项"区域可以根据情况选择是否进行快速格式化,如果选中"快速格式化"复选框,则格式化程序将不检查磁盘中是否存在损坏的扇区。

Step 05 单击"开始"按钮,系统会打开信息提示框警告用户磁盘上的数据将被删除,如图10-9所示,单击"确定"按钮即可开始格式化。

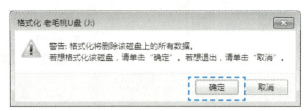

图10-9 警告用户格式化操作将删除磁盘上的所有数据

当格式化完毕,系统会出现如图10-10所示的对话框进行提示。

图10-10 格式化完毕的提示信息

提示

如果在选择文件系统类型时选择了NTFS文件类型,则可以选中"启用压缩"复选框,以便对硬盘进行压缩处理,这样可以使用户得到更多的可用磁盘空间。

巩固练习

1. 找一个U盘安装在计算机上,然后对其进行格式化的操作。
2. 对计算机的C盘进行磁盘清理。

项目任务10-2 Windows 7的系统优化

探索时间

小王在安装了快播程序后,每次启动计算机快播程序总是自动启动,为了加速启动速度,小王应如何禁止快播程序自动启动?

动手做1 调整视觉效果以提高系统性能

Windows 7提供了几个选项用于设置计算机的视觉效果。例如,可以设置Windows 7系统中窗口最大化和最小化时显示特效。在Windows 7中用户可以启用系统提供的所有设置,这样可以达到最佳显示效果；用户也可以不启用系统提供的任何设置，这样可以实现最佳计算机性能。

设置计算机视觉效果的具体步骤如下。

Step 01 在"计算机"图标上右击，在弹出的快捷菜单中选择"属性"命令，打开"系统"窗口。

Step 02 在"系统"窗口的左侧单击"高级系统设置"选项，打开"系统属性"对话框，单击"高级"选项卡，如图10-11所示。

Step 03 在"性能"选项区域中单击"设置"按钮，打开"性能选项"对话框，选择"视觉效果"选项卡，如图10-12所示。

Step 04 对话框中如果选中"调整为最佳外观"单选按钮，此时将选择全部的视觉效果，实现最佳的外观；如果选中"调整为最佳性能"单选按钮，则只选择系统认为有必要的部分效果；选中"让Windows选择计算机的最佳设置"单选按钮，则将选择系统默认的视觉效果；如果选中"自定义"单选按钮，用户则可以在下面的列表中设置视觉效果。

Step 05 设置完毕，单击"确定"按钮。

图10-11 "系统属性"对话框

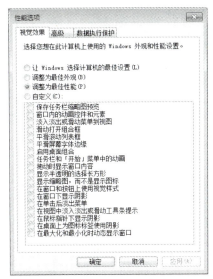

图10-12 设置视觉效果

动手做2 设置虚拟内存

虽然现在计算机中安装的物理内存的容量都已经很大了，但是当运行一些耗费系统资源很大的程序时，物理内存在短时间内仍然是不够用的。这时，就需要使用硬盘中的特定空间充当临时的虚拟内存来使用，以解决物理内存暂时短缺的问题。

设置虚拟内存的具体操作如下。

Step 01 在"计算机"图标上右击，在弹出的快捷菜单中选择"属性"命令，打开"系统"窗口。

Step 02 在"系统"窗口的左侧单击"高级系统设置"选项，打开"系统属性"对话框，选择"高级"选项卡。在"性能"选项区域中单击"设置"按钮，打开"性能选项"对话框，选择"高级"选项卡，如图10-13所示。

Step 03 单击"更改"按钮，打开"虚拟内存"对话框，如图10-14所示。

Step 04 在窗口中取消"自动管理所有驱动器的分页文件大小"复选框的选中状态，选择要设置虚拟内存的盘符。

Step 05 在"所选驱动器"区域选中"自定义大小"单选按钮，然后在"初始值大小"和"最大值"文本框中输入新的页面文件的大小;如果要让 Windows 选择最佳页面文件大小,可以选中"系统管理的大小"单选按钮,最后单击"设置"按钮将保存所做的修改。

Step 06 单击"确定"按钮保存设置。

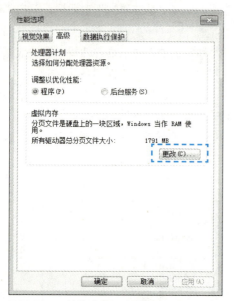

图10-13 "性能选项"对话框"高级"选项卡

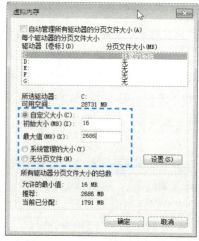

图10-14 "虚拟内存"对话框

在设置虚拟内存时用户应注意以下事项。
- 对于虚拟内存的大小,并不是越大越好,太大的内存会浪费硬盘空间,同时使物理内存不能得到充分、高效的利用;过小的内存会增加内存页面的置换次数,反而降低了效率,因此,适中的内存大小才能达到最佳的效果。
- 对虚拟内存的大小的设置,建议的设置范围为0~2倍物理内存。
- 内存为2GB及以上的,一般可以禁用虚拟内存(有软件限制的可以设少量虚拟内存,如16~128MB)。部分确实会使用大量内存的用户,如玩大型三维游戏、制作大幅图片、三维建模等,并收到系统内存不足警告的,才需要酌情设定虚拟内存。
- 硬盘读写最频繁的就是系统文件和页面文件,所以,系统盘内的虚拟内存(系统默认值)是执行最快、效率最高的。

动手做3 优化开机启动程序

某些软件在计算机中安装后,会在启动系统时自动启动。如果这样的自启动程序过多,则会严重影响计算机的性能,使系统运行速度下降。为了节省系统资源,可以取消一些不需要自动启动的程序的自启动功能。

优化开机启动程序的具体步骤如下。

Step 01 在"开始"菜单中选择"运行"命令,打开"运行"对话框。

Step 02 在"运行"对话框中输入"msconfig"命令,然后单击"确定"按钮,打开"系统配置"窗口,选择"启动"选项卡,如图10-15所示。

Step 03 在"启动项目"列表中显示了系统中所有可自动启动的程序,如果不想让某个程序自动启动,则可取消选中相应程序的复选框。

Step 04 设置完毕单击"确定"按钮,重新启动计算机后即可禁止所设置的程序自动启动功能。

Windows 7的优化与维护

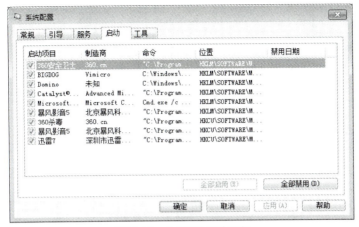

图10-15 优化开机启动程序

❖ 动手做4 优化系统服务

在Windows 7操作系统中拥有大量的系统服务，根据系统功能的需要，在启动时可自动运行某些服务。而有的服务虽然处在运行状态，但是并不是保持系统正常运行所必须的。对于这样的服务，用户可以将其禁用，这样可以节省系统资源，但是需要注意的是，禁用系统服务是有一定危险的，在禁用之前最好为系统进行备份，以便出现问题时可以及时恢复。

这里为用户介绍一些可以禁用的系统服务，用户可以根据自己的实际操作环境和需要程序自行选择。启用和禁用系统服务的具体操作如下。

Step 01 在"开始"菜单中单击"控制面板"选项，打开"控制面板"窗口，在"查看方式"列表中选择"小图标"，然后单击"管理工具"选项，打开"管理工具"窗口，如图10-16所示。

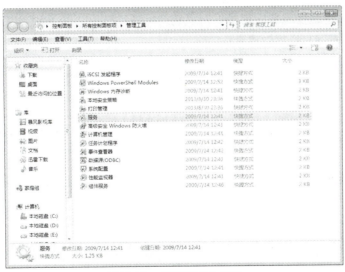

图10-16 "管理工具"窗口

Step 02 在"管理工具"窗口中双击"服务"选项打开"服务"窗口，在该窗口中显示系统中的所有服务，如图10-17所示。

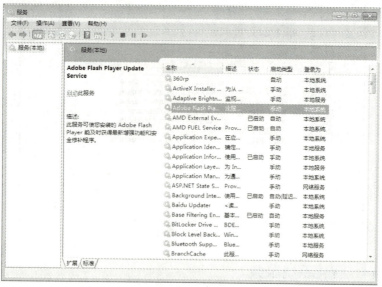

图10-17 "服务"窗口

Step 03 双击某个服务,弹出如图10-18所示的对话框。在该对话框中可查看该服务的详细说明,在"启动类型"下拉列表框中可以选择服务的启动方式,有自动(延迟启动)、自动、手动和已禁用4种。通过单击下面的"启动"、"停止"、"暂停"或"恢复"按钮可设置服务的运行状态。

下面列举一些系统中可以禁用的服务,但是需要注意的是,在禁用这些服务之前最好对系统进行备份,以免在出现问题时可以进行恢复。

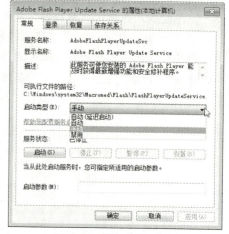

图10-18 服务的详细信息

- 传真服务:该服务可通过计算机使用传真资源接收和发送传真。如果不使用计算机收发传真,可将其禁用。
- Print Spooler服务:将文件载入内存以便稍候打印。如果没有任何本地或网络打印机,可以将其禁用。
- Remote Registry服务:该服务可以通过局域网访问其他计算机中的注册表,如果不使用该功能,可以将其禁用。
- Server服务:如果计算机不接入并使用局域网,则可以将其禁用。
- Smart Card服务:该服务控制计算机对智能卡的读取访问,如果不使用智能卡设备,可以将其禁用。
- Smart Card Removal Policy:该服务允许在用户拿走智能卡后锁定计算机,如果不使用智能卡设备,可以将其禁用。
- SNMP Trap:收集由本地或远程SNMP客户端生成的信息,并将其转发给本机上运行的SNMP管理程序,如果不使用这类应用程序,可以将其禁用。
- Windows Image Acquisition(WIA):该服务可为扫描仪和照相机提供图像捕获功能,如果不使用扫描仪或相机,可以将其禁用。

- Workstation：该服务用于创建和维护到远程服务的客户端的网络连接，如果不使用网络，可以将其禁用。
- Adaptive Brightness：监视周围的光线状况来调节屏幕明暗，如果该服务被禁用，屏幕亮度将不会自动适应周围光线状况。该服务的默认运行方式是手动，如果你没有使用触摸屏一类的智能调节屏幕亮度的设备，该功能就可以放心禁用。
- Application Layer Gateway Service： 是系统自带防火墙和开启ICS共享上网的依赖服务，如果装有第三方防火墙且不需要用ICS方式共享上网，完全可以禁用。
- Application Management：该服务默认的运行方式为手动，该功能主要适用于大型企业环境下的集中管理，因此家庭用户可以放心禁用该服务。
- BitLocker Drive Encryption Service：向用户接口提供BitLocker客户端服务并且自动对数据卷解锁。该服务的默认运行方式是手动，如果你没有使用BitLocker设备，该功能就可以放心禁用。
- Bluetooth Support Service：如果你没有使用蓝牙设备，该功能就可以放心禁用。
- Certificate Propagation：为智能卡提供证书。该服务的默认运行方式是手动。如果你没有使用智能卡，那么可以放心禁用该服务。
- Distributed Link Tracking Client：这个功能一般都用不上，完全可以放心禁用。
- Function Discovery Provider Host：这个功能用来发现提供程序的主机进程，与PnP-X和SSDP相关，如果无相关设备就禁用。
- IKE and AuthIP IPSec Keying Modules：不用VPN或用第三方VPN拨号的话可以禁用。
- Internet Connection Sharing（ICS）：如果你不打算让这台计算机充当ICS主机，那么该服务可以禁用。
- Microsoft iSCSI Initiator Service：如果本机没有iSCSI设备，也不需要连接和访问远程iSCSI设备，设置成禁用。
- Microsoft Software Shadow Copy Provider：卷影复制，如果不需要就可以设为禁用。
- Net.TCP 端口共享服务：一般用户和非开发人员可以设为禁用。
- PnP-X IP Bus Enumerator：目前该服务还用不上，可以禁用。
- SNMP Trap：允许你的机器处理简单网络管理协议，很多网管协议是基于SNMP的，不是网管的话建议关闭。
- Windows CardSpace：像Smart Card一样的个人标识管理，.NET Framework 3.0提供的一个WCF编程模型，一般用户可以关闭。
- Windows Error Reporting Service：对用户和微软而言，错误报告传送过去都没什么用，可以禁用。
- Windows Media Center Service Launcher/ Windows Media Center Receiver Service / Windows Media Center Scheduler Service：通过网络为Windows Media Extender（像XBox）等传送多媒体文件，建议禁止，除非你需要这个功能。
- WinHTTP Web Proxy Auto-Discovery Service：该服务使应用程序支持WPAD协议的应用，因为大多数的情况下不会用到，建议禁用。
- WWAN Autoconfig：如果你没有使用WWAN设备，该功能就可以放心禁用。

巩固练习

1．打开服务窗口，观察一下自己对哪些服务比较了解。
2．取消计算机上一些不需要自动启动的程序。

项目任务10-3　Windows 7常见故障的排除

探索时间

小王的Windows 7操作系统不显示Aero效果，小王应如何快速解决该问题？

动手做1　使用疑难解答解决问题

Windows 7的疑难解答中心能帮不熟悉计算机的用户解决不少常见且不复杂的问题。用户在遇到一些故障时，不妨从疑难解答开始，让Windows 7先帮用户诊断一下，当它也无能为力的时候，再求助于他人。使用疑难解答的基本方法如下。

Step 01 在"开始"菜单中选择"控制面板"选项，打开"控制面板"窗口，在"查看方式"列表中选择"小图标"，然后选择"疑难解答"选项，打开"疑难解答"窗口，如图10-19所示。

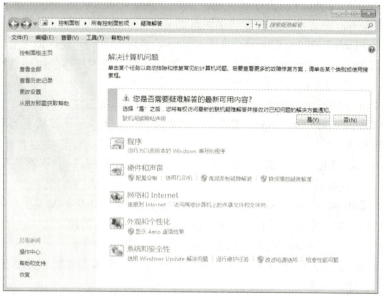

图10-19　"疑难解答"窗口

Step 02 在窗口中用户可以根据需要自己选择要解答的类型，如这里单击"外观和个性化"下的"显示Aero桌面效果"选项，打开"Aero"对话框，如图10-20所示。

Step 03 单击"下一步"按钮，系统开始检测问题，如图10-21所示。

Step 04 系统检测到问题后会对检测到的问题进行修改，如图10-22所示。如果系统检测不到问题，则会给出未能确定问题的窗口。

图10-20　"Aero"对话框

图10-21　检测问题

图10-22　疑难解答已完成

动手做2　使用计算机修复功能

Windows 7的系统修复功能是很智能的，很多时候根本不用用户太多的干预。例如，由于非法关机而引起的小问题，当再次启动系统时就会进入"Windows错误恢复"界面，如图10-23所示。此时光标默认停留在"正常启动Windows"选项上并开始倒计时，很显然，系统本身已经允许用户正常启动，而问题已经自己修复了。

此外，由于操作不规范或者硬件的改动而造成的系统文件被破坏或者配置文件不正确，都有可能导致系统无法正常启动。此时系统再次启动，同样会出现"Windows错误恢复"窗口。默认会停在"修复计算机"选项上，显然，Windows 7是希望用户选择"修复计算机"选项对系统进行修复。启动系统的"修复计算机"功能后，系统将自动进行修复，修复完成后如果提示"请重新启动计算机，以完成修复"，那么重启后就可以恢复正常了。

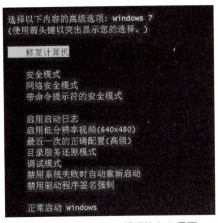
图10-23　"Windows错误恢复"界面

动手做3　使用系统还原功能

系统还原使用还原点将系统文件和设置及时返回到以前的点且不影响个人文件。系统每周都会自动创建还原点，还有在发生显著的系统事件（如安装程序或设备驱动程序）之前也会创建还原点，用户还可以手动创建还原点。

手动创建还原点的具体方法如下。

Step 01 在桌面上使用鼠标右键单击"计算机"图标，在快捷菜单中选择"属性"命令，打开"系统"窗口。

Step 02 在"系统"窗口的左侧选择"系统保护"选项，打开"系统属性"对话框，如图10-24所示。

Step 03 在"可用驱动器"列表中选择要保护的磁盘，这里选择系统盘，单击"配置"按钮，打开"系统保护本地磁盘"对话框，如图10-25所示。

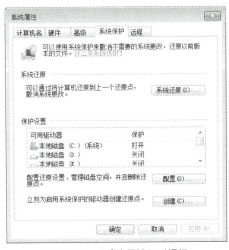
图10-24　"系统属性"对话框

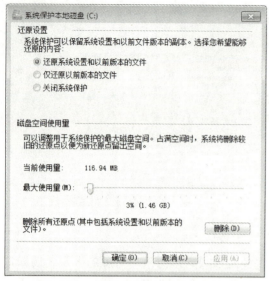

图10-25 "系统保护本地磁盘"对话框

图10-26 创建还原点

图10-27 成功创建还原点

Step 04 如果想启用还原系统设置和以前版本的文件的功能,请选中"还原系统设置和以前版本的文件"单选按钮;如果想启用还原以前版本的文件的功能,请选中"仅还原以前版本的文件"单选按钮;如果不想启用系统还原功能,请选中"关闭系统保护"单选按钮。

Step 05 单击"确定"按钮,返回"系统属性"对话框。

Step 06 单击"创建"按钮,打开"创建还原点"对话框,如图10-26所示。

Step 07 输入还原点名称,可以帮助用户识别还原点的描述,单击"创建"按钮开始创建还原点,创建完毕打开"成功创建还原点"对话框,如图10-27所示。

Step 08 单击"关闭"按钮。

Step 09 在以后的使用中,需要将Windows系统还原时,只要单击"系统属性"对话框中的"系统还原"按钮,打开"系统还原"对话框,如图10-28所示。

Step 10 单击"下一步"按钮,打开"选择还原点"对话框,如图10-29所示。

Step 11 在"还原点"列表中选择一个还原点,单击"下一步"按钮,进入确认还原点对话框,如图10-30所示。

Step 12 单击"完成"按钮,开始系统的还原,系统的还原会重启,然后在开机的过程中进入相关的还原操作。

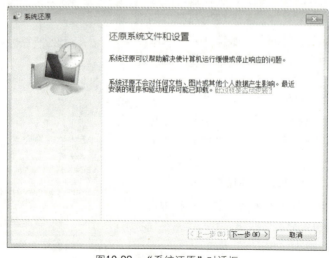

图10-28 "系统还原"对话框

模块 10 Windows 7的优化与维护

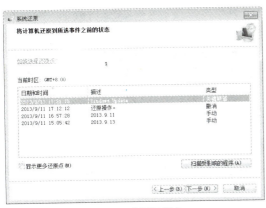

图10-29 选择还原点

图10-30 确认还原点

注意

系统还原并不是为了备份个人文件，因此它无法帮助用户恢复已删除或损坏的个人文件。用户应该使用备份程序定期备份个人文件和重要数据。

动手做4　系统蓝屏

Windows 7蓝屏产生的原因很多，但大多数往往集中在不兼容的硬件和驱动程序有问题的软件、病毒等。遇到蓝屏错误时，可以尝试选用下面的方法。

（1）重启系统。如果只是某个程序或驱动程序偶尔出现错误，重启系统后部分问题会消除。

（2）检查硬件。检查新硬件是否插牢，这个被许多人忽视的问题往往会引发许多莫名其妙的故障。如果确认没有问题，将其拔下，然后换个插槽试试，并安装最新的驱动程序。同时还应对照微软网站的硬件兼容类别检查一下硬件是否与操作系统兼容。检查是否做了CPU超频，超频操作进行了超载运算，造成其内部运算过多，使CPU过热，从而导致系统运算错误。有些CPU的超频性能比较好，但有时也会出现一些莫名其妙的错误。

（3）检查新驱动和新服务。如果刚安装完某个硬件的新驱动，或安装了某个软件，而它又在系统服务中添加了相应项目（如杀毒软件、CPU降温软件、防火墙软件等），在重启或使用中出现了蓝屏故障，请到安全模式来卸载或禁用它们。

（4）检查病毒。例如，冲击波和振荡波等病毒有时会导致Windows 7蓝屏死机，因此查杀病毒必不可少。同时一些木马间谍软件也会引发蓝屏，所以最好再用相关工具进行扫描检查。

（5）检查BIOS和硬件兼容性。对于新装的计算机经常出现蓝屏问题，应该检查并升级BIOS到最新版本，同时关闭其中的内存相关项，如缓存和映射。另外，还应该对照微软的硬件兼容列表检查自己的硬件。还有就是，如果主板BIOS无法支持大容量硬盘也会导致蓝屏，需要对其进行升级。

（6）恢复最后一次正确配置。一般情况下，蓝屏都出现于更新了硬件驱动或新加硬件并安装其驱动后，这时Windows 7提供的"最后一次正确配置"就是解决蓝屏的快捷方式。重启系统，在出现启动菜单时按下F8键就会出现"高级启动选项"菜单，接着选择"最后一次正确配置"选项。

（7）光驱在读盘时被非正常打开。这个现象是在光驱正在读取数据时，由于被误操作打

231

开而导致出现蓝屏。这个问题不影响系统正常动作，只要再弹入光盘或按Esc键就可以。

（8）查询蓝屏代码。把蓝屏中密密麻麻的英文记下来，接着到其他计算机中进入微软帮助与支持网站http://support.microsoft.com，在"搜索（知识库）"中输入代码，如果搜索结果没有适合信息，可以选择"英文知识库"再搜索一遍。一般情况下，会在这里找到有用的解决案例。另外，也可以在搜索引擎中搜索试试。

动手做5 系统经常出现随机性死机现象

死机故障比较常见，但因其涉及面广，所以维修比较麻烦，现在将逐步予以详解。

（1）病毒原因造成计算机频繁死机。由于此类原因造成该故障的现象比较常见，当计算机感染病毒后，主要表现在以下几个方面。

- 系统启动时间延长。
- 系统启动时自动启动一些不必要的程序。
- 无故死机。
- 屏幕上出现一些乱码。

（2）由于某些元件热稳定性不良造成此类故障（具体表现在CPU、电源、内存条、主板）。对此，我们可以让计算机运行一段时间，待其死机后，再用手触摸以上各部件，倘若温度太高则说明该部件可能存在问题，可用替换法来诊断。

（3）由于各部件接触不良导致计算机频繁死机。

此类现象比较常见，特别是在购买一段时间的计算机上。由于各部件大多是靠金手指与主板接触，经过一段时间后其金手指部位会出现氧化现象，在拔下各卡后会发现金手指部位已经泛黄，此时，我们可用橡皮擦来回擦拭其泛黄处来予以清洁。

（4）由于硬件之间不兼容造成计算机频繁死机。此类现象常见于显卡与其他部件不兼容或内存条与主板不兼容，如SIS的显卡，当然其他设备也有可能发生不兼容现象，对此可以将其他不必要的设备（如Modem、声卡等）拆下后予以判断。

（5）软件冲突或损坏引起死机。此类故障，一般都会发生在同一点，对此可将该软件卸载来予以解决。

动手做6 使用最后一次正确的配置修复

很多系统故障与硬件的驱动程序有关，有时一个新版本的驱动看似能够提高性能，但实际安装到你的系统中时反而有可能造成系统兼容性问题，更新驱动之后系统无法正常进入Windows的情况很常见。"最后一次正确的配置"就是专为这种情况设计的，当用户因新装驱动或系统配置造成系统无法正常启动时，重新启动并在此过程中按住F8键，然后在"高级启动选项"菜单中选择"最后一次正确的配置"，系统就会用在正常状态下备份的注册表数据恢复系统，一般就能进入系统了。

动手做7 重装系统

用户误删除系统文件或者病毒程序将系统文件破坏等导致系统中的重要文件丢失或受损，甚至系统崩溃无法启动，此时就不得不重装系统了。另外，有些时候，系统虽然能正常运行，但是却经常出现不定期的错误提示，甚至系统修复之后也不能消除这一问题，那么就必须重装系统了。

1. 重装系统的情况

当系统出现以下四种情况之一时，就必须考虑重装系统了。

（1）系统运行变慢。当垃圾文件分布于整个硬盘而又不便于集中清理和自动清理，计算机感染了病毒而无法被杀毒软件清理等都会导致系统运行缓慢，这样就需要对磁盘进行格式化处理并重装系统了。

（2）系统频繁出错。我们都知道，操作系统由很多代码和程序组成，如果在操作的过程中误删除某个文件或者被恶意代码改写等，都会致使系统出现错误，此时如果该故障不便于准备定位或轻易解决，就需要考虑重装系统了。

（3）系统无法启动。当 DOS 引导出现错误、目录表被损坏或系统文件 NTFS.sys 文件丢失等都会导致系统无法启动，如果无法查找出系统不能启动的原因或无法修复系统以解决这一问题时，就需要重装系统了。

（4）为系统减肥。一些计算机爱好者为了能使计算机在最优的环境下工作，会经常定期重装系统，这样就可以为系统减肥。

2．重装前应注意的事项

为了避免重装之后造成数据的丢失等严重后果，用户需要做好充分的准备。在重装系统之前应该注意以下事项。

（1）备份数据。在因系统崩溃或出现故障而准备重装系统前，首先应该想到的是备份好自己的数据。如果硬盘不能启动，这时需要考虑用其他启动盘启动系统，然后复制自己的数据，或将硬盘挂接到其他计算机上进行备份。但是，如果在平时就养成备份重要数据的习惯，就可以有效避免硬盘数据不能恢复的现象。

（2）格式化磁盘。重装系统时，格式化磁盘是解决系统问题最有效的办法，如果系统感染病毒，最好不要只格式化C 盘，如果有条件可将硬盘中的数据都备份或转移，尽量将整个硬盘都进行格式化，以保证新系统的安全。

课后练习与指导

一、选择题

1. 下列关于磁盘格式化的说法正确的是（　　）。
   A．对磁盘进行格式化可以检查出整个磁盘上有无缺陷的磁道
   B．在操作系统中可以完成低级格式化
   C．高级格式化会影响磁盘的寿命
   D．高级格式化可以通过使用专门的高级格式化应用程序完成

2. 下列关于磁盘碎片整理的说法正确的是（　　）。
   A．用户安装新软件时磁盘会形成碎片，创建和删除文件则不会形成碎片
   B．在Windows 7操作系统中用户可以设置定时进行磁盘碎片整理
   C．在整理碎片之前应对磁盘进行分析
   D．磁盘中的碎片不影响计算机的文件输入/输出系统性能

3. 下列关于虚拟内存的说法正确的是（　　）。
   A．虚拟内存就是使用硬盘中的特定空间充当临时的内存来使用
   B．在设置虚拟内存时可以让Windows 选择最佳页面文件大小
   C．虚拟内存越大越好
   D．内存为4GB的计算机不需要设置虚拟内存

4. 下列关于系统还原的说法错误的是（　　）。
   A．"系统还原"功能会在发生显著的系统事件时创建还原点
   B．用户可以手动创建还原点
   C．系统还原无法帮助用户恢复已删除或损坏的个人文件
   D．在使用系统还原功能时用户可以选择还原点

二、填空题

1．在要格式化的磁盘上右击，在弹出的快捷菜单中选择"_____"命令，即可打开"格式化磁盘"对话框。

2．在"附件"子菜单中的"_____"命令中单击"磁盘碎片整理程序"命令，可以打开"磁盘碎片整理程序"窗口。

3．磁盘清理程序会搜索用户的磁盘驱动器，然后列出_____、_____和_____，用户可以使用磁盘清理程序删除这些文件的部分或全部。

4．在"运行"对话框中输入_____命令，然后单击"确定"按钮，即可打开"系统配置"窗口。

5．在Windows 7中服务的启动类型分为_____、_____、_____和_____4种。

6．在计算机开始进入系统引导时按_____键，此时屏幕弹出"系统选择"菜单，选择"安全模式"即可进入安全模式。

三、简答题

1．在什么情况下需要重新安装操作系统？
2．系统出现蓝屏有哪些常见原因？分别应如何解决？
3．系统出现死机有哪些常见原因？分别应如何解决？
4．磁盘检查有哪些用途？应该如何进行磁盘检查？
5．如何使用疑难解答来解决计算机常见的问题？
6．如何设置虚拟内存？

四、实践题

练习1：在系统中关闭传真服务和Smart Card服务。
练习2：设置系统每月的1号上午8点自动进行磁盘碎片整理。
练习3：对插到计算机上的U盘进行格式化的操作。
练习4：对计算机上的C盘进行清理。